单元9

钢结构

- **学习目标**

1. 重点掌握焊缝连接和普通螺栓连接的计算和构造。

2. 掌握铆钉连接、高强螺栓连接及轴向受力构件的计算和构造。

3. 了解钢桁架、钢板梁的构造。

- **本单元重点**

焊缝连接和普通螺栓连接的计算和构造。

- **本单元难点**

连接在复杂受力时的计算。

9.1　钢结构的连接

钢结构各构件之间和构件内各钢板与型钢之间，都必须进行连接，以形成整体而共同工作。按照工作性质的不同，连接可分为受力性连接和缀连性连接两类。前者的作用主要是将内力由结构的一部分传至另一部分，后者则是使组成构件的各部分形成整体而共同工作，在计算时不考虑连接处的受力。

目前，钢结构的连接方法主要有焊缝连接、铆钉连接、螺栓连接三种，其中螺栓连接又可分为普通螺栓连接和高强螺栓连接。

焊接是目前钢结构最主要的连接方法。它具有不削弱构件截面、刚性好、构造简单、施工便捷、节约钢材、密封性能好、易于自动化作业等优点，但焊接时会产生残余应力和残余变形，连接处的塑性和韧性较差。铆钉连接的塑性和韧性比焊接好，工作可靠，但费料费工，使用很不方便，一般只用于重型和直接承受动力荷载的结构。普通螺栓连接装拆方便，施工简单，主要用于结构的安装连接和临时性结构。高强螺栓具有强度高、工作可靠、安装简便迅速、耐疲劳、可拆换等优点，被广泛应用于永久性结构的连接，尤其是承受动力荷载的结构。

《钢桥规范》规定，板件间的连接应优先选用焊接，杆件或梁段间的连接可选用焊接、螺栓连接或焊接与螺栓的混合连接；在螺栓连接中，对主要受力结构，应采用高强度螺栓摩擦型连接；对次要构件、结构构造性连接和临时连接，可采用普通螺栓连接；必要时可采用铆钉连接；焊接和高强度螺栓摩擦型连接同时并存的连接应慎用，当必须使用时，所采用的工艺应保证接触面不变形。

9.1.1　焊缝连接

9.1.1.1　焊接原理

钢结构常用的焊接方法是电弧焊。电弧焊包括焊条电弧焊、埋弧焊（自动或半自动）、气体保护焊三种。

1. 焊条电弧焊

如图 9-1 所示，焊条电弧焊的电路由焊条、焊钳、焊件、电焊机和导线等组成。通电引弧后，在涂有焊药的焊条端和焊件间的间隙中产生电弧，利用电弧产生的高温（约 6000℃）使焊条与焊件熔化成液态，熔滴滴入被电弧吹成的焊件溶池中，同时焊药燃烧，在熔池周围形成保护气体；稍冷后在焊缝熔化金属的表面又形成熔渣，隔绝熔池中的液体金属和空气中的氧、氮等气体的接触，避免形成脆性易裂的化合物。焊缝金属

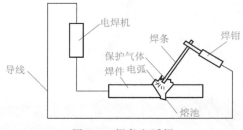

图 9-1　焊条电弧焊

冷却后就与焊件熔成一体。随着焊条的移动，焊接熔池不断形成和不断冷却，连续形成焊缝，焊件被焊成整体。

焊条电弧焊具有设备简单、操作灵活的优点，在钢结构中被普遍采用，特别是短焊缝和

第三部分

机械工业出版社

CHINA MACHINE PRESS

曲折焊缝，或在施工现场进行高空焊接时。缺点是生产效率低，劳动强度大，焊缝质量的波动较大。

焊条电弧焊的焊条，应符合现行相关规范的要求。对于 Q235 钢采用 E43 型焊条，对于 Q345 钢采用 E50 型焊条，对于 Q390 和 Q420 钢采用 E55 型焊条。

2. 埋弧焊

埋弧焊的原理如图 9-2 所示。自动埋弧焊的电焊机可沿轨道按设定的速度移动。通电引弧后，由于电弧的作用，使埋于焊剂下的焊丝和附近的焊剂熔化，熔渣浮在熔化的焊缝金属上面，使熔化金属不与空气接触，并供给焊缝金属以必要的合金元素，随着电焊机的自动移动，颗粒状的焊剂不断由料斗漏下，电弧完全被埋在焊剂之内，同时焊丝也自动地边熔化边下降，这样将焊件焊成整体。如果电焊机的移动由人工操作，则为半自动埋弧焊。

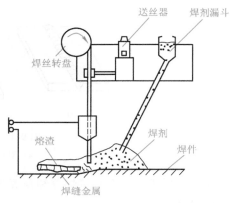

图 9-2   自动或半自动埋弧焊

自动埋弧焊焊缝比焊条电弧焊好，但只适合焊接较长的直线焊缝。半自动埋弧焊质量介于自动埋弧焊和焊条电弧焊之间，可用于焊接曲线或任意形状的焊缝。

自动埋弧焊或半自动埋弧焊应采用与焊件金属强度相匹配的焊丝和焊剂，并符合相应规范的要求。

3. 气体保护焊

如图 9-3 所示，气体保护焊是利用惰性气体或二氧化碳气体作为保护介质的一种电弧熔焊方法。它直接依靠保护气体在电弧周围形成局部的保护层，以防止有害气体的侵入，从而保持焊接过程的稳定，气体保护焊又称气电焊。

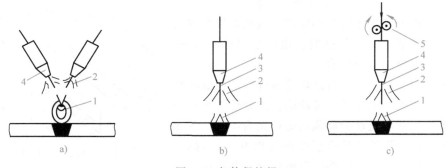

图 9-3   气体保护焊

a) 不熔化极间接电弧焊   b) 不熔化极直接电弧焊   c) 熔化极直接电弧焊

1—电弧 2—保护气体 3—电极 4—喷嘴 5—焊丝滚轮

气体保护焊的优点是焊工能够清楚地看到焊缝成形的过程，熔滴过渡平缓，焊缝强度比焊条电弧焊高，塑性和抗腐蚀性能好，适用于全位置的焊接，但不适用于在野外或有风的地方施焊。

对接焊缝的构造

9.1.1.2　焊缝的构造

焊接接头的常用形式有三种，即对接、搭接和角接（图9-4）。两焊件位于同一平面内的连接为对接；不在同一平面上的两焊件交搭相连为搭接；两焊件依一定角度（通常为直角）互相连接者为角接。对接焊缝用料经济，传力均匀、平顺，没有显著的应力集中，对承受动力荷载的构件采用对接焊缝较为有利，是主要受力的接头连接形式。

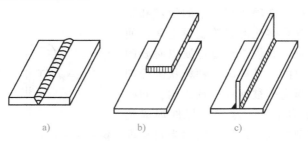

图9-4　焊接接头的常用形式

a）对接　b）搭接　c）角接

焊缝的形式主要有对接焊缝和角焊缝两种。对接连接采用对接焊缝，搭接和角接连接均采用角焊缝。

1. 对接焊缝的构造

焊缝施焊后，由于冷却将引起收缩应力。施焊的厚度越大，收缩应力就越大。因此，设计中不得任意加大焊缝，且应避免焊缝交叉、重叠和过分集中。

承受动荷载的构件，当垂直于焊缝长度方向受力时，未焊透处的应力集中会带来很不利的影响，因此垂直于杆件受力方向的对接焊缝必须焊透。当焊缝长度平行于受力方向时，焊缝只承受切应力，不要求焊透。

为了保证被焊杆件全熔焊透，垂直于受力方向的对接焊缝一般要求双面施焊，且应对焊缝表面进行机械加工，保证焊缝截面形状平顺。同时，焊缝厚度不应小于被焊件的最小厚度，以使对接焊缝与基材具有相同的强度。不得已时，也可采用单面施焊，但必须保证焊缝根部完全焊透。

不得采用间断对接焊。对接焊缝施焊时的起点和终点，常因起弧和灭弧出现弧坑等缺陷，此处极易产生裂纹和应力集中，对承受动力荷载的结构尤为不利。为避免焊口缺陷，可在焊缝两端设引弧板（图9-5），起弧、灭弧只在这里发生，焊完后将引弧板切除，并将板边沿

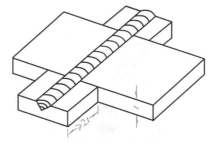

图9-5　对接焊缝的引弧板图

受力方向修磨平整。引弧板的厚度及坡口形式均与主材相同。

不等厚或不等宽的钢板采用对接焊接时，为了消除因截面的突变而导致的力传递的不均匀，防止受拉构件在焊缝处由于疲劳而脆裂，当焊件宽度或厚度相差超过4mm时，应分别在宽度方向或厚度方向将板的一侧或两侧做成坡度不大于1∶5的斜角（图9-6a、b）。当厚度（或宽度）相差不超过4mm时，因焊缝表面的斜度已能满足和缓传递应力的要求，可采用焊缝表面斜度来过渡（图9-6c）。

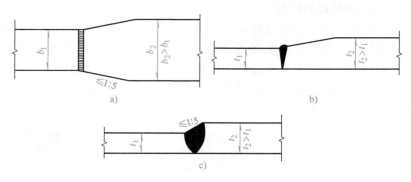

图 9-6 不等厚或不等宽钢板的对接

a）不等宽钢板的对接　b）不等厚钢板的对接　c）焊缝表面斜度过渡

采用焊条电弧焊时，板边应加工成一定形状的坡口。坡口形式因钢板厚度而异，见表 9-1。采用自动埋弧焊时，因加热温度高而熔深大，板边的加工要求与焊条电弧焊不同。若板厚不超过 6mm，且双面施焊，一般可不开坡口。板厚较大时，需开坡口，坡口形式见表 9-1，但坡度应较焊条电弧焊略大。

表 9-1　对接焊缝的坡口形式

坡口名称	坡口形式	适应焊缝厚度/mm
不开坡口		<6
V 形坡口		6~26
X 形坡口		12~60
单 U 形坡口		20~60
双 U 形坡口		40~60

2. 角焊缝的构造

按照焊缝与作用力的方向不同，角焊缝可分为端角焊缝、侧角焊缝以及周边环焊缝。角焊缝的截面形式可分为正常式、坦式和深熔式（图9-7），以正常式最为常用。但正常式焊缝在端缝处力线的弯折特别厉害，在焊缝根部往往产生很大的应力集中，在动力荷载作用下容易开裂。坦式和深熔式传力较顺畅，对承受动力荷载比较有利。

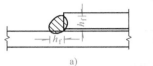 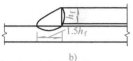 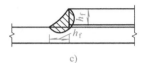

图 9-7 角焊缝的截面形式

a）正常式 b）坦式 c）深熔式

角焊缝的厚度不应过小，以保证焊件熔深焊透，并避免焊缝金属及其热影响区中的钢料因冷却过快而产生裂纹。同时，角焊缝的厚度也不宜过大，否则会使构件翘曲、变形，产生较大的焊接应力。角焊缝的两个直角边长度 h_f 称为焊脚尺寸（图9-8）。《钢桥规范》规定，对搭接角焊缝，当材料厚度小于8mm时，最大焊脚尺寸取材料的厚度；当材料厚度大于或等于8mm时，最大焊脚尺寸取材料的厚度减去2mm；对角接和T形连接角焊缝，最小焊脚尺寸按表9-2采用，最大焊脚尺寸不得大于较薄连接部件的1.2倍。

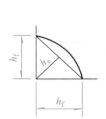 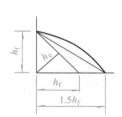 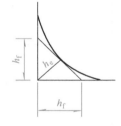

图 9-8 直角焊缝截面图

表 9-2 不开坡口角焊缝的最小焊脚尺寸

板中之较大厚度/mm	不开坡口角焊缝的焊脚最小尺寸/mm
≤20	6
>20	8

角焊缝的焊脚边比例宜为1:1。当焊件厚度不等时，允许采用不等的焊脚尺寸，与较厚焊件接触的最小焊脚尺寸和与较薄焊件接触的最大焊脚尺寸，应满足上述焊脚尺寸的要求。在承受动荷载的结构中，角焊缝焊脚边比例，对于正面角焊缝宜为1:1.5（长边顺内力方向），对于侧面角焊缝可为1:1。角焊缝表面应做成凹形或直线形。

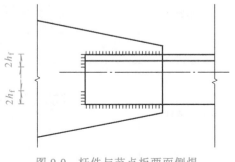

图 9-9 杆件与节点板两面侧焊

当角焊缝的端部在被焊件转角处时，可连续地绕转角加焊一段 $2h_f$ 的长度（图 9-9）。为避免应力集中，主要受力构件不得采用断续角焊缝。

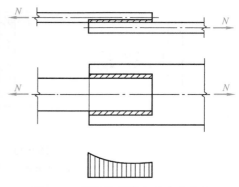

侧角焊缝中的应力沿其长度方向的分布是不均匀的。焊缝的长度与其厚度的比值愈大，应力分布的不均匀现象就愈严重（图 9-10）。这对构件的受力是不利的，尤其对承受动力荷载的构件更为不利。为了避免侧角焊缝中的应力分布过于不均匀，《钢桥规范》规定，对于侧面角焊缝的计算长度，受动荷载时不宜大于 $50h_f$，受静荷载时不宜大于 $60h_f$。如采用大于上述的数值时，其

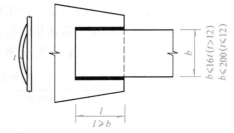

图 9-10　侧贴角焊缝中的应力分布

超过部分在计算中不予考虑。同时，采用角焊缝时，由于两构件不在同一平面内，力线之间有一些偏心，在焊缝中会产生附加的弯矩，焊缝太短就会降低其抗弯能力，因此焊缝不宜过短。《钢桥规范》规定，侧面角焊缝和正面角焊缝的计算长度不得小于 $8h_f$。

当钢板端部仅有两侧角焊缝连接时（图 9-11），每条侧面焊缝长度不宜小于相邻两侧焊缝之间的距离，以避免应力传递过分曲折而使构件中应力过分不均匀。同时，两侧焊缝之间的距离不宜大于 $16t$（$t>12\text{mm}$，t 为较薄焊件的厚度）或 200mm（$t\le 12\text{mm}$），以免因焊缝横向收缩而引起板件拱曲太大。

图 9-11　钢板的端部侧面角焊缝及其横向收缩变形

搭接连接用的端贴角焊缝，应在接头的两端都有焊缝，以保证更好地传力。同时，为了避免在焊区产生较大的焊接应力并减少两板偏心的影响，搭接长度一般应不小于较薄钢板厚度的 5 倍，且不小于 25mm，如图 9-12 所示。

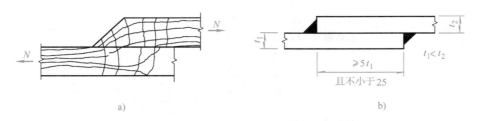

a)　　　　　　　　　　b)

图 9-12　端贴角焊缝的传力及搭接长度要求

a）端贴角焊缝的传力　b）搭接长度要求

T 形连接时，坡口形式可根据钢板厚度按图 9-13 选用。

9.1.1.3　焊缝的计算

1. 对接焊缝的计算

（1）**轴心受力作用时对接焊缝的计算**　在对接接头和 T 形接头中，对接焊缝受垂直于焊缝长度方向的轴心拉力或轴心压力（图 9-14a）时，其焊缝强度按下式计算：

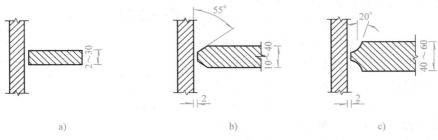

图 9-13 T形连接的坡口形式

a）不开坡口 b）K形坡口 c）U形坡口

$$\sigma = \frac{\gamma_0 N_d}{l_w t} \leqslant f_{td}^w \text{ 或 } f_{cd}^w \qquad (9\text{-}1)$$

式中 N_d——轴心拉力或轴心压力；

    l_w——焊缝的计算长度，当采用引弧板施焊时，取焊缝的实际长度，当未采用引弧板施焊时，每条焊缝取实际长度减去 $2t$，即 $l_w = l - 2t$；

    t——在对接接头中取连接件的较小厚度，在 T 形接头中取腹板厚度；

f_{td}^w、f_{cd}^w——对接焊缝的抗拉、抗压强度设计值，见表 9-3。

表 9-3 焊缝的强度设计值

焊接方法和焊条型号	构件钢材		对接焊缝				角焊缝
	牌号	厚度/mm	抗压 f_{cd}^w	抗拉 f_{td}^w		抗剪 f_{vd}^w	抗拉、抗压或抗剪 f_{fd}^w
				焊缝质量等级			
				一级、二级	三级		
自动焊、半自动焊和 E43 型焊条的焊条焊	Q235 钢	≤16	190	190	160	110	140
		16~40	180	180	155	105	
		40~100	170	170	145	100	
自动焊、半自动焊和 E50 型焊条的焊条焊	Q345 钢	≤16	275	275	235	160	175
		16~40	270	270	230	155	
		40~63	260	260	220	150	
		63~80	250	250	215	145	
		80~100	245	245	210	140	
自动焊、半自动焊和 E55 型焊条的焊条焊	Q390 钢	≤16	310	310	265	180	200
		16~40	295	295	250	170	
		40~63	280	280	240	160	
		63~100	265	265	225	150	
	Q420 钢	≤16	335	335	285	195	200
		16~40	320	320	270	185	
		40~63	305	305	260	175	
		63~100	290	290	245	165	

注：1. 对接焊缝受弯时，在受压区的抗弯强度设计值取 f_{cd}^w，在受拉区的抗弯强度设计值取 f_{td}^w。

    2. 焊缝质量等级应符合现行《钢结构工程施工质量验收规范》（GB 50205）的规定。其中厚度小于 8mm 钢材的对接焊缝，不应采用超声波探伤确定焊缝质量等级。

当采用斜焊缝（图9-14b）时，焊缝强度按下式计算：

焊缝的正应力

$$\sigma = \frac{\gamma_0 N_d \sin\theta}{l_w t} \leqslant f_{td}^w \ 或\ f_{cd}^w \qquad (9-2)$$

焊缝的剪应力

$$\tau = \frac{\gamma_0 N_d \cos\theta}{l_w t} \leqslant f_{td}^w \ 或\ f_{cd}^w \qquad (9-3)$$

式中　θ——焊缝与作用力间的夹角。

计算表明，当满足 $\tan\theta \leqslant 1.5$ 时，斜焊缝的强度不低于母材强度，可不再进行验算。此处 θ 为焊缝与作用力间的夹角。

【例9-1】　试设计如图9-14a所示钢板的对接焊缝。图中钢板宽 $b = 550mm$，厚 $t = 22mm$，轴心拉力设计值 $N_d = 2100kN$。钢材为Q235，焊条焊，焊条E43型，安全等级二级，焊缝质量标准三级。

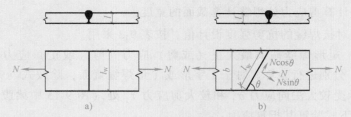

图9-14　轴心受力对接焊缝

【解】　查得焊缝抗拉强度设计值 $f_t^w = 175N/mm^2$，$\gamma_0 = 1.0$。

假设采用直焊缝连接，不采用引弧板，则焊缝计算长度 $l_w = (550-2\times22)mm = 506mm$

焊缝正应力为：

$$\sigma = \frac{\gamma_0 N_d}{l_w t} = \frac{1.0\times2100\times10^3}{506\times22} = 188.6N/mm^2 > f_t^w = 175N/mm^2$$

不满足要求。

考虑采用引弧板，则焊缝计算长度 $l_w = 550mm$

$$\sigma = \frac{\gamma_0 N_d}{l_w t} = \frac{1.0\times2100\times10^3}{550\times22} = 173.6N/mm^2 < f_t^w = 175N/mm^2$$

满足要求。

（2）弯矩、剪力共同作用时对接焊缝的计算　在对接接头和T形接头中，承受弯矩和剪力共同作用的对接焊缝或对接与角接组合焊缝，最大正应力和最大剪应力不在同一点（图9-15），故应分别验算其最大法向应力和剪应力。最大法向应力和剪应力的验算公式如下：

$$\sigma_{max} = \frac{\gamma_0 M_d}{W_w} \leqslant f_{td}^w \ 或\ f_{cd}^w \qquad (9-4)$$

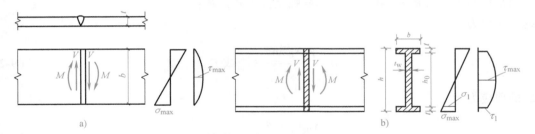

图 9-15　对接焊缝受弯矩和剪力共同作用

a）矩形焊缝截面　b）工字形焊缝截面

$$\tau_{\max} = \frac{\gamma_0 V S_w}{I_w t_w} \leqslant f_{vd}^w \tag{9-5}$$

式中　M_d、V——焊缝承受的弯矩和剪力；

$\quad\quad I_w$、W_w——焊缝计算截面的惯性矩和抵抗矩；

$\quad\quad\quad S_w$——计算剪应力处以上（或以下）焊缝计算截面对中和轴的面积矩；

$\quad\quad\quad t_w$——计算剪应力处焊缝计算截面的宽度；

$\quad\quad\quad f_{vd}^w$——对接焊缝的抗剪强度设计值，按表 9-3 采用。

由图 9-15 知，矩形焊缝截面最大正（或剪）应力处剪（或正）应力为零，故可按式（9-4）、式（9-5）分别进行验算。对于工字形或 T 形焊缝截面，除按式（9-4）和式（9-5）验算外，在同时承受较大法向应力 σ_1 和较大剪应力 τ_1 处（图 9-15 中梁腹板横向对接焊缝的端部），还应按下式验算其折算应力：

$$\sqrt{\sigma_1^2 + 3\tau_1^2} \leqslant 1.1 f_{td}^w \tag{9-6}$$

$$\sigma_1 = \sigma_{\max} \frac{h_0}{h} \tag{9-7}$$

$$\tau_1 = \frac{V S_{w1}}{I_w t_w} \tag{9-8}$$

式中系数 1.1 是考虑要验算折算应力的地方只是局部区域，在该区域同时遇到材料最坏的概率是很小的，因此将强度设计值提高 10%。

2. 直角焊缝的计算

角焊缝受力后，其应力状态极为复杂。通过对直角焊缝进行的大量试验结果表明，侧焊缝的破坏截面以 45°喉部截面居多；而端焊缝则多数不在该截面破坏，并且端焊缝的破坏强度是侧焊缝的 1.35~1.55 倍。因此，偏于安全地假定直角焊缝的破坏截面在 45°喉部截面处，并以该截面（不考虑余高）为计算时采用的截面，其截面高度称为角焊缝的**有效厚度**，用 h_e 表示。对直角焊缝，不论焊脚边比例如何，均取 $h_e = 0.7 h_f$（图 9-8）。同时，端角焊缝与侧角焊缝的差异很大，要精确计算很困难，为了计算方便，对端焊缝也偏安全地按破坏时计算截面上的平均应力来确定其强度，这样不论侧角焊缝、端角焊缝或由两者组成的环焊缝，均可按同样公式计算。

（1）在通过焊缝形心的拉力、压力或剪力作用下

正面角焊缝（作用力垂直于焊缝长度方向）：

$$\sigma_f = \frac{\gamma_0 N_d}{h_e l_w} \leqslant f_{fd}^w \tag{9-9}$$

侧面角焊缝（作用力平行于焊缝长度方向）：

$$\tau_f = \frac{\gamma_0 N_d}{h_e l_w} \leqslant f_{fd}^w \tag{9-10}$$

式中　N_d——轴心力（拉力、压力或剪力）设计值；

　　　σ_f——按焊缝有效截面计算的垂直于焊缝长度方向的应力；

　　　τ_f——按焊缝有效截面计算的沿焊缝长度方向的剪应力；

　　　h_e——角焊缝的有效高度，即 $h_e = 0.7 h_f$（h_f 为较小焊脚尺寸）；

　　　l_w——焊缝的计算长度，考虑到角焊缝的两端不可避免地会有弧坑等缺陷，所以角焊缝的计算长度等于其实际长度减去 $2h_f$；

　　　f_{fd}^w——角焊缝的抗拉、抗压或抗剪强度设计值，按表 9-3 采用。

（2）在各种力综合作用下　在各种力综合作用下，角焊缝的强度应满足

$$\gamma_0 \sqrt{\sigma^2 + 3(\tau_1 + \tau_2)^2} \leqslant f_{fd}^w \tag{9-11}$$

式中　σ——垂直于焊缝有效厚度（$h_e l_w$）截面的正应力；

　　　τ_1——垂直于焊缝长度方向并作用在焊缝有效厚度截面内的剪应力；

　　　τ_2——平行于焊缝长度方向并作用在焊缝有效厚度截面内的剪应力。

（3）用侧焊缝连接的不对称构件的计算　当用侧焊缝连接承受轴向力的角钢时（图 9-16），侧焊缝有效面积的分配应保证焊缝的重心与构件截面的重心相重合或接近，以免被连接构件因偏心而受到附加弯矩的作用。根据这一原则，角钢背和角钢尖焊缝分配的内力可按下式计算：

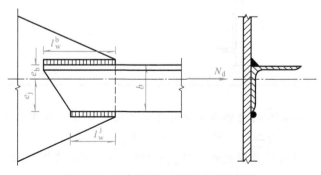

图 9-16　用侧焊缝连接的不对称构件

$$N_1 = \gamma_0 k_1 N_d \tag{9-12}$$

$$N_2 = \gamma_0 k_2 N_d \tag{9-13}$$

式中　N_d——作用于连接构件上的轴向力设计值；

k_1、k_2——角钢背和角钢尖的焊缝分配系数，由表 9-4 查得。

若已知焊脚尺寸，则所需的侧焊缝有效长度为

$$l_w^b = \frac{\gamma_0 k_1 N_d}{0.7 h_f^b f_{fd}^w} \qquad (9\text{-}14)$$

$$l_w^j = \frac{\gamma_0 k_2 N_d}{0.7 h_f^j f_{fd}^w} \qquad (9\text{-}15)$$

式中 l_w^b、l_w^j——分别为角钢背与角钢尖侧焊缝的有效计算长度；

h_f^b、h_f^j——分别为角钢背与角钢尖的焊脚尺寸；

f_{fd}^w——侧面角焊缝的抗剪强度设计值，按表 9-4 选用。

表 9-4   角钢与钢板搭接时的焊缝分配系数

角钢类型	连接情况	分配系数	
		角钢肢背 k_1	角钢肢尖 k_2
等边	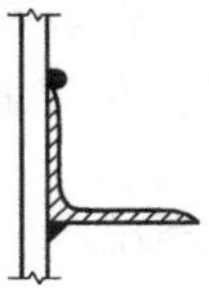	0.70	0.30
不等边(短肢相连)	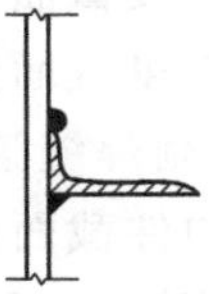	0.75	0.25
不等边(长肢相连)	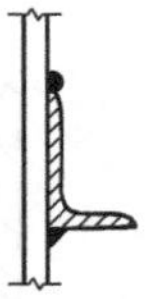	0.65	0.35

【例 9-2】   有一 L100×10 的角钢与 12mm 厚钢板搭接焊接，其布置如图 9-16 所示。钢材为 Q345 钢，结构安全等级为二级。试进行焊缝计算。

【解】   查得 Q345 钢的抗拉强度设计值 $f_d = 275\text{MPa}$，侧面角焊缝的抗剪强度设计值 $f_{fd}^w = 175\text{MPa}$，$k_1 = 0.7$，$k_2 = 0.3$，$\gamma_0 = 1.0$。

焊缝与构件按等强度设计考虑，由型钢表查得 L100×10 角钢的截面面积为 $A = 19.261\text{cm}^2 = 1926.1\text{mm}^2$。

角钢能承受的拉力 $N_d = A f_d = (1926.1 \times 275)\text{N} = 529678\text{N}$

根据构造要求，取 $h_f^b = 10\text{mm}$，$h_f^j = 8\text{mm}$，则

$$l_{\mathrm{w}}^{\mathrm{b}} = \frac{\gamma_0 k_1 N_{\mathrm{d}}}{0.7 h_{\mathrm{f}}^{\mathrm{b}} f_{\mathrm{fd}}^{\mathrm{w}}} = \frac{1.0 \times 0.7 \times 529678}{0.7 \times 10 \times 175} \mathrm{mm} = 303 \mathrm{mm}$$

$$l_{\mathrm{w}}^{\mathrm{j}} = \frac{\gamma_0 k_2 N_{\mathrm{d}}}{0.7 h_{\mathrm{f}}^{\mathrm{j}} f_{\mathrm{fd}}^{\mathrm{w}}} = \frac{1.0 \times 0.3 \times 529678}{0.7 \times 8 \times 175} \mathrm{mm} = 162 \mathrm{mm}$$

考虑焊缝每个自由端增长 5mm，取角钢背、角钢尖焊缝长度分别为 310mm 和 170mm，均在 $8h_{\mathrm{f}} \sim 60h_{\mathrm{f}}$ 之间，满足构造要求。

9.1.1.4 焊缝的疲劳强度

应力集中是疲劳强度的决定因素之一。焊缝处力线发生弯折，焊缝表面及两端焊口不平，焊缝中存在气孔、裂纹、夹渣等缺陷，都会引起严重的应力集中现象。而应力集中以及由于焊区的焊接应力使焊区材料变脆等，都将引起焊接疲劳强度下降。对接焊缝传力平顺，故其疲劳强度较高。

在承受动力荷载的结构中，除应采取适当措施以提高焊缝疲劳强度外，尚应进行疲劳验算，具体计算方法参见有关文献。

9.1.1.5 焊接应力及焊接变形

钢结构在焊接过程中，由于构件局部受到高温作用，焊缝冷却时收缩又不一致，从而在构件内部引起内应力和初变形。这种内应力称为**焊接应力**，初变形称为**焊接变形**，如图9-17、图9-18 所示。

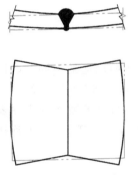

图 9-17 对接焊缝的焊接变形

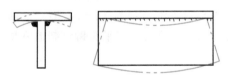

图 9-18 贴角焊缝的焊接变形

焊接应力会使钢材抗冲击断裂能力及抗疲劳破坏能力降低，尤其是低温下受冲击荷载的结构，焊接应力的存在更容易引起低温工作应力状态下的脆断。焊接变形会使结构构件不能保持正确的设计尺寸及位置，影响结构正常工作，严重时还可使各个构件无法安装就位。

为了减少和限制焊接应力和焊接变形，应选用合理的构造形式和合理的焊接工艺。构造方面，选用适宜的焊脚尺寸和焊缝长度，最好采用细长焊缝，不用粗短焊缝；焊缝应尽可能布置在结构的对称位置上，以减少焊接残余变形；对接焊缝的拼接处，应做成平缓过渡，以减少连接处的应力集中；尽量避免焊缝的交叉和集中，以防因焊接变形受到过大的约束而产生过大的残余应力导致裂纹；尽量避免三向焊缝相交，应采用使次要焊缝中断而主要焊缝连续通过的构造。在工艺方面，对长焊缝可采用分段反向跳焊法（图9-19），以减少温度的影响；为了减少焊接变形，在施焊前先使构件有一个和焊接变形相反的预变形（图9-20），使构件在焊接后产生的变形正好与之抵消，或把焊件固定在台座上施焊，焊完冷却后再放开；

厚焊缝可采用分层焊等。

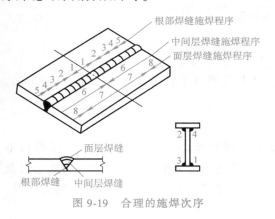

图 9-19 合理的施焊次序

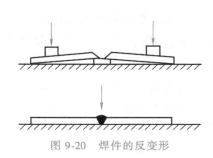

图 9-20 焊件的反变形

9.1.2 铆钉连接

铆钉连接是先将铆钉烧红到1000℃左右后，将钉杆插入直径比钉杆大1~1.5mm的被连接构件的钉孔中，然后用风动铆钉枪或油压铆钉机趁热先镦粗杆身，填满钉孔，再将杆端锻打成半球形封闭钉头。铆合后钉孔被镦粗的铆钉杆填满，冷却后钉头将紧压板束，从而在钉杆中产生一定的预拉力，这不但能保证各板之间紧密地接触，而且能在接触面之间产生很大的摩阻力，有利于被连接构件的整体弹性工作。

9.1.2.1 铆接的构造

1. 铆钉的规格

铆钉一般采用塑性性能良好的铆螺2号钢（ML2）制成。按照用途的不同，铆钉有半圆头、高头和平头三种形式（图9-21）。当被连接的钢板总厚度$\sum t \leqslant 4.5d$（d为铆钉直径）时，通常采用半圆头铆钉；当$\sum t = (4.5 \sim 5.5)d$时，可用高头铆钉；当要求被连接构件表面平整时，可采用平头铆钉。但平头铆钉制造麻烦，铆合质量较差，不宜用于钉杆受拉的连接。

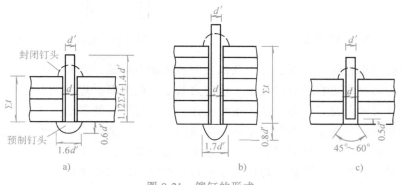

图 9-21 铆钉的形式

a) 半圆头　b) 高头　c) 平头

钢结构中常用的铆钉，其钉杆直径有16mm、20mm、22mm、25mm等几种，相应的钉孔直径则为17mm、21mm、23mm及26mm。

在铆接中，钉孔周围存在应力集中现象，在钉孔边缘处产生了最大的局部超应力。此超应力的大小与铆钉孔直径 d 和被连接构件的宽度 b 之比有关，d/b 愈大，超应力也愈大，因此铆钉的直径不宜取得过大。《钢桥规范》规定，位于主要构件上的铆钉直径，不宜大于角钢肢宽的 $1/4$。

常用的半圆头铆钉所需要的钉杆长度按下式计算：

$$l = 1.12 \sum t + 1.4d' \tag{9-16}$$

式中　$\sum t$——被连接构件的总厚度；

　　　d'——铆钉杆的直径。

2. 铆接的形式

铆钉连接的形式有对接、搭接和角接三种（图9-22）。

对接是指被连接构件位于同一平面内，用盖板相连接。盖板可用双盖板或单盖板，以双盖板连接较好。单盖板连接有很大的偏心，会使薄的钢板超载，故一般只用于被连接的构件是刚性截面形状的情况（如槽钢或角钢的连接），或当被拼接构件与刚性构件相连的情况。

搭接是把不在同一平面内的构件交搭连接起来的一种连接形式。由于被连接的两个构件位于不同平面内，受力后要发生一定的挠曲和转动，会引起附加的内力。这种连接中的铆钉受单剪，其承载能力较低，需用的铆钉数较多而不经济，因此只用在受力不大处。

角接用于两块正交钢板的连接，需设置连接角钢，并使腹板不顶紧盖板，一般留有5mm左右的空隙，用以考虑腹板边缘加工不整齐的可能性。

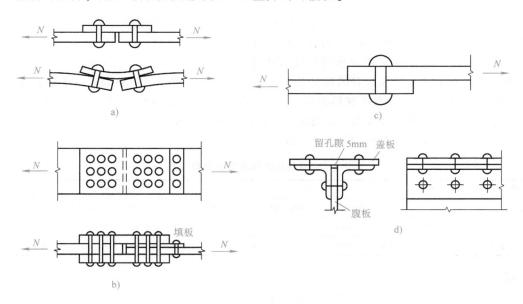

图 9-22　铆钉连接的形式

a）单盖板对接接头　b）双盖板对接接头　c）搭接接头　d）角接连接

3. 其他构造

铆钉连接中，当被连接的钢板厚度不同时，常需在薄板上加填板使两边等厚度。填板厚度很薄（6mm以下）时通常不参与传力，填板较厚时，为了增加连接的刚度和使铆钉受力更均匀，宜将填板伸出盖板之外，并用一排铆钉将填板固定在被连接的板上（图 9-22b），使填板参与传力，并减小铆钉的弯曲和连接的变形。

铆钉连接的其他构造与普通螺栓连接相同。

9.1.2.2 铆钉连接计算要点

铆钉连接的计算方法和普通螺栓基本相同，不同之处是：

1）由于铆钉在铆合时钉孔填塞得很密实，因此计算铆钉的承载力设计值时应采用铆钉孔的直径，而不采用铆钉杆的直径。

2）铆钉没有螺纹的削弱，因此计算铆钉的抗拉承载力设计值时采用铆钉孔直径，而不采用有效直径。

9.1.3 普通螺栓连接

9.1.3.1 螺栓的规格

普通螺栓分为 A、B、C 级，其中 A、B 级为精制螺栓，C 级为粗制螺栓。

粗制螺栓用圆钢辊压而成，表面不经特别加工，螺栓孔是一次冲成或钻成，孔径比螺栓的公称直径（外直径）大 1~1.5mm。粗制螺栓制作方便，能有效地传递拉力，但由于螺杆与螺孔之间存在着较大的空隙，故受剪时工作性能较差，螺栓群中各螺栓受力不均匀，一般用于承受拉力的连接中，或用在不重要的承受剪力的连接和作为安装临时固定之用。精制螺栓一般需在车床上经过车制加工而成，表面光滑，尺寸准确（孔径只比螺杆径大 0.3mm 左右），连接处的剪切变形较粗制螺栓为小，但制造和安装都比较困难，造价昂贵，在应用上受到一定限制。

钢结构采用的螺栓为大六角头型，其代号用字母 M 和公称直径（单位为 mm）表示，常用的为 M16、M18、M20、M22、M24、M27 等。

按国际标准，螺栓统一用螺栓的性能等级来表示，如"4.6 级""8.8 级""10.9 级"等，小数点前数字表示螺栓材料的最低抗拉强度，如"4"表示 400N/mm²；小数点及以后数字（0.6、0.8 等）表示螺栓材料的屈强比，即屈服点与最低抗拉强度的比值。A、B 级螺栓的性能等级为 5.6 级或 8.8 级，C 级螺栓的性能等级为 4.6 级或 4.8 级。

普通螺栓的标准直径及截面积见表 9-5。

表 9-5 普通螺栓的标准直径及截面积

螺栓外径/mm	10	12	14	16	18	20	22	24	27	30	36
螺栓内径/mm	8.051	9.727	11.400	13.400	14.750	16.750	18.750	20.100	23.100	25.450	30.800
螺栓毛面积/cm²	0.785	1.130	1.540	2.010	2.543	3.140	3.799	4.521	5.722	7.065	10.170
螺栓净面积/cm²	0.509	0.744	1.020	1.408	1.708	2.182	2.740	3.165	4.180	5.060	7.440

螺栓杆的长度 l 按下式计算：

$$l = \sum t + H_1 + 2t_1 + (5 \sim 7) \, \text{mm} \tag{9-17}$$

式中　l——螺栓杆的长度（mm）；

$\sum t$——被连接钢板的总厚度（mm），一般不宜大于栓孔直径的 4.5 倍；

H_1——螺母的高度（mm）；

t_1——垫圈的厚度（mm）。

9.1.3.2 构造要求

螺栓（铆钉）的布置应与构件的轴线对称，并应考虑到构造及施工的要求，布置应尽可能简单，以利制造。

普通螺栓连接
的构造要求

螺栓（铆钉）的排列分并列和错列两种形式（图9-23）。并列布置是常用的形式，它简单紧凑，节省钢材，制造时划线钻孔方便，但栓孔对构件截面削弱较大。错列可以减少对钢板截面的削弱，但排列较繁杂，用得较少。

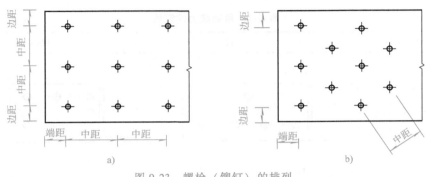

图 9-23　螺栓（铆钉）的排列

a）并列　b）错列

各螺栓（铆钉）的连线称为**钉线**。钉线应按直线布置，以便于施工制作。

螺栓（铆钉）的间距不能过小，也不宜过大，应根据以下要求确定：

（1）**受力要求**　从受力的角度考虑，螺栓间的距离及螺栓至构件边缘的距离不宜过大或过小。如受压构件螺栓间距过大时，容易引起钢板鼓屈；间距过小时，钉孔对截面削弱过大，而使构件应力过于集中，容易产生热铆松动，孔前钢板可能沿作用力方向被剪断。

（2）**构造要求**　螺栓间距过大时，连接钢板不易夹紧，潮气容易侵入缝隙引起钢板锈蚀。

（3）**施工要求**　螺栓间距过小时，不利于扳手操作。

根据以上要求，《钢桥规范》规定了螺栓的容许间距，见表9-6。

表 9-6　螺栓和铆钉的容许间距

名　称	方　向		杆件应力种类	容许间距	
				最大	最小
中心间距	沿对角线方向		拉力或压力	—	$3.5d_0$
	靠边行列			$7d_0$ 或 $16t$ 中的较小者	$3d_0$
	中间行列	垂直内力方向		$24t$	
		顺内力方向	拉力	$24t$	
			压力	$16t$	
中心至杆件边缘距离	顺内力方向或沿对角线方向		拉力或压力	$8t$ 或 $120mm$ 中的较小者	$1.3d_0$
	垂直内力方向				

注：1. 表中符号 d_0 为螺栓或铆钉的孔径，t 为栓（或铆）外层较薄钢板或型钢厚度。

　　2. 表中所列"靠边行列"系指沿板边一行的螺栓或铆钉线；对于角钢，距角钢背最近一行的螺栓或铆钉线也作为"靠边行列"。

　　3. 有角钢镶边的翼肢上交叉排列的螺栓或铆钉，其靠边行列最大中心间距可取 $14d_0$ 或 $32t$ 中较小者。

　　4. 由两个角钢或两个槽钢中间夹以垫板（或垫圈）并用螺栓或铆钉连接组成的构件，顺内力方向的螺栓（或铆钉）之间的最大中距，对于受压或受压-拉构件规定为 $40r$，但不应大于 $160mm$；对于受拉构件规定为 $80r$，但不应大于 $240mm$。其中，r 为一个角钢或槽钢绕平行于垫板或垫圈所在平面轴线的回转半径。

　　角钢两肢上的螺栓（铆钉）位置，一般宜互相错开布置，以免施工制作时发生干扰。常用型钢上钉线位置及其规定见表 9-7、表 9-8。肢宽小于 125mm 时按单排布置，肢宽在 125mm 以上时须排成双行并列或双行错列。

表 9-7　角钢肢上的钉线　　　　　　　　　　（单位：mm）

单行排列			双行错列				双行并列			
肢宽 b	线距 e	最大钉孔直径 d	肢宽 b	线距 e_1	线距 e_2	最大钉孔直径 d	肢宽 b	线距 e_1	线距 e_2	最大钉孔直径 d
40	25	12	125	55	85	23				
45	28	12	140	55	90	23				
50	30	14	160	65	110	26	160	55	115	20
56	30	17	180	70	130	29	180	70	140	23
63	35	17	200	90	150	29	200	70	150	26
70	40	20								
75	40	20								
80	45	23								
90	50	23								
100	55	26								
110	60	26								
125	65	26								

表 9-8　工字钢和槽钢上的钉线

型钢型号		10	12.6	14	16	18	20	22	25	28	32	36	40	45	50	56	63
I形钢	e_{min}	—	40	45	45	45	45	50	50	55	55	65	70	70	75	75	75
	e	35	40	45	45	50	55	65	65	65	75	80	80	85	90	95	95
	最大孔径	9	11	13	15	17	17	19	21.5	21.5	21.5	23.5	23.5	25.5	25.5	25.5	25.5
槽钢	e_{min}	—	40	45	50	50	55	55	60	60	65	70	75				
	e	30	30	35	35	40	40	45	45	45	50	55	60				
	最大孔径	11	13	17	21.5	21.5	21.5	21.5	21.5	25.5	25.5	25.5	25.5				

对于主要受力构件，螺栓（铆钉）的数量除应满足计算的要求外，还应满足构造上的要求。为了保证连接受力构件的螺栓（铆钉）群承受可能产生的局部挠曲并满足装配工艺上的要求，《钢桥规范》规定：在构件的节点上连接的螺栓（或铆钉）或接头一边的螺栓（或铆钉），其最少数量为，一排螺栓时 2 个，一排铆钉时 3 个；两排及两排以上螺栓（或铆钉）时，每排 2 个；角钢在连接或接头处采用交叉布置的螺栓（或铆钉）时，第一个螺栓（或铆钉）应排在靠近角钢背处。

9.1.3.3　普通螺栓连接计算

普通螺栓连接的受力形式可分为三类：外力与栓杆垂直的受剪螺栓连接（图 9-24a）；外力与栓杆平行的受拉螺栓连接（图 9-24b）；同时受剪和受拉的螺栓连接（图 9-24c）。

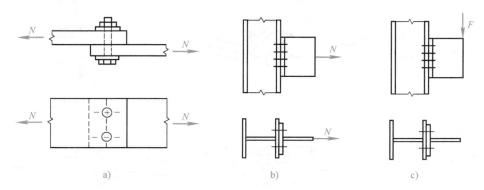

图 9-24　剪力螺栓与拉力螺栓

a）剪力螺栓　b）拉力螺栓　c）同时受剪和受拉的螺栓连接

1. 单个螺栓的承载力

（1）剪力螺栓连接　剪力螺栓连接在受力后，当外力不大时，由被连接构件之间的摩擦力来传递外力。当外力继续增大而超过极限摩擦力后，构件之间将出现相对滑移，螺杆开始接触构件的孔壁而受剪，孔壁则受压。当连接处于弹性阶段时，螺栓群中的各螺栓受力不相等，两端的螺栓较中间的受力为大（图 9-25）。当外力再继续增大时，使连接超过弹性阶段而达到塑性阶段时，则各螺栓承担的荷载逐渐接近，最后趋于相等直到破坏。因此，当外力作用于螺栓群中心时，可以认为所有螺栓受力是相同的。

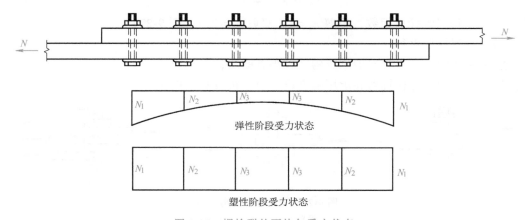

弹性阶段受力状态

塑性阶段受力状态

图 9-25　螺栓群的不均匀受力状态

　　剪力螺栓可能的破坏情况有两种：一种是螺栓直径较小，而钢板厚度较大时，螺杆被剪断（图9-26a）；另一种则相反，当螺栓直径较大，而钢板相对较薄时，连接会由于孔壁压坏产生塑性变形而丧失承载能力（图9-26b）。除螺栓破坏外，构件本身也有可能由于截面削弱过多而被拉断（图9-26c），或由于钢板端部螺孔端距太小而被剪坏（图9-26d），或由于连接钢板太厚，杆身受弯而破坏（图9-26e）。对第一、二种破坏，可通过计算单个螺栓的承载力来控制；对第三种破坏，通过验算构件净截面强度来控制；对后两种破坏，则通过构造措施来避免，如满足表9-6的端距要求可避免第四种破坏，限制栓（铆）合厚度不宜大于 $4.5d_0$（d_0 为螺栓或铆钉孔的孔径）可避免第五种破坏。

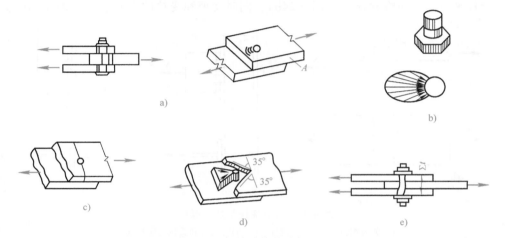

图 9-26　螺栓连接的破坏类型

单个剪力螺栓的承载力按下列两式计算：
按受剪计算的承载力设计值

$$N_{vd}^b = n_v \frac{\pi d^2}{4} f_{vd}^b \tag{9-18}$$

按承压计算的承载力设计值

$$N_{cd}^b = d \sum t f_{cd}^b \tag{9-19}$$

式中　n_v——每只螺栓剪面数，单剪 $n_v = 1$，双剪 $n_v = 2\cdots$（图9-27）；

　　　d——螺栓杆直径；

　　$\sum t$——在同一受力方向的承压构件较小总厚度；

f_{vd}^b、f_{cd}^b——分别为螺栓抗剪和承压强度设计值，按表9-9采用。

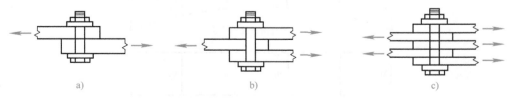

图 9-27　受剪螺栓的剪面数
a）单剪　b）双剪　c）四剪

表 9-9 普通螺栓和锚栓连接的强度设计值

螺栓的性能等级、锚栓和构件钢材的牌号		普通螺栓						锚栓
		C 级			A、B 级			
		抗拉 f_{td}^b/MPa	抗剪 f_{vd}^b/MPa	承压 f_{cd}^b/MPa	抗拉 f_{td}^b/MPa	抗剪 f_{vd}^b/MPa	承压 f_{cd}^b/MPa	抗拉 f_{td}^b/MPa
普通螺栓	4.6 级、4.8 级	145	120	—	—	—	—	—
	5.6 级	—	—	—	185	165	—	—
	8.8 级	—	—	—	350	280	—	—
锚栓	Q235 钢	—	—	—	—	—	—	125
	Q345 钢	—	—	—	—	—	—	160
构件	Q235 钢	—	—	265	—	—	350	
	Q345 钢	—	—	340	—	—	450	
	Q390 钢	—	—	355	—	—	470	
	Q420 钢	—	—	380	—	—	500	

注：A、B 级螺栓孔的精度和孔壁表面粗糙度，C 级螺栓孔的允许偏差和孔壁表面粗糙度，均应符合现行《钢结构工程施工质量验收规范》（GB 50205）的要求。

单个剪力螺栓的承载力设计值 N_d^b 取 N_{vd}^b 和 N_{cd}^b 的较小值，即 $N_d^b = \min(N_{vd}^b, N_{cd}^b)$。

（2）拉力螺栓连接 在受拉螺栓连接中（图 9-24b），外力会使被连接构件的接触面互相脱开而使螺栓受拉，最后螺杆被拉断而破坏。

单个受拉螺栓的承载力设计值按下式计算：

$$N_{td}^b = n_v \frac{\pi d_e^2}{4} f_{td}^b \tag{9-20}$$

式中 d_e——螺栓螺纹处的有效直径（螺栓内径），按表 9-5 采用；

f_{td}^b——螺栓的抗拉强度设计值，按表 9-9 采用。

2. 螺栓群的计算

在轴向力作用下的螺栓群，不论是剪力螺栓还是拉力螺栓，均假定所有螺栓受力相等。已知一只螺栓的抗剪容许承载力和承压容许承载力，或已知一只螺栓的抗拉容许承载力，即可计算出该连接所需要的螺栓数目，并取整数进行排列。但对在力矩作用下或轴向力和力矩共同作用下的螺栓群，则需先选定螺栓数目并进行排列，然后进行验算。此外，对于轴心受拉的连接，还需验算其构件净截面的强度。

（1）剪力螺栓群在轴向力作用下的计算 剪力螺栓群在轴向力作用下所需螺栓数目为

$$n = \frac{\gamma_0 N_d}{N_d^b} \tag{9-21}$$

式中 N_d——连接承受的轴心拉力或轴心压力设计值；

N_d^b——单个剪力螺栓的承载力设计值。

由于螺栓孔削弱了构件的截面，因此在排列好所需的螺栓后，还需按下式验算构件的净截面强度。

$$\sigma = \frac{\gamma_0 N_d}{A_n} \leqslant f_d \tag{9-22}$$

式中 A_n——构件在螺栓孔削弱处的净截面面积，当螺栓孔交错布置时，净截面面积按垂直截面Ⅰ-Ⅰ或齿状截面Ⅱ-Ⅱ两者中之较小者（图9-28）取用；

  f_d——钢材的强度设计值。

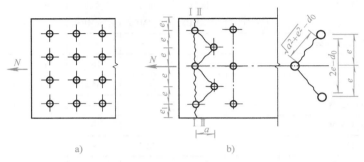

图9-28　构件净截面

当螺栓并列布置（图9-28a）时

$$A_n = A - n_1 d_0 t \tag{9-23}$$

当螺栓错列布置（图9-28b）时，构件可能沿Ⅰ-Ⅰ或Ⅱ-Ⅱ截面破坏。Ⅱ-Ⅱ截面的净截面面积可近似地取为

$$A_n = \left[2e_1 + (n_1 - 1)\sqrt{a^2 + e^2} - n_2 d_0 \right] t \tag{9-24}$$

式中 A——截面毛截面面积；

  d_0——螺栓孔直径；

  n_1——第一列螺栓数目；

  t——钢板厚度；

 e_1、e——螺栓在垂直于外力方向的边距和中距；

  a——错列螺栓顺外力方向的中距；

  n_2——齿形截面Ⅱ-Ⅱ中的螺栓数。

（2）剪力螺栓群在力矩、剪力和轴力共同作用下的计算　在梁与梁或梁与柱的连接处，以及钢板梁腹板的接头处，往往同时承受力矩 M 和剪力 V，有时还要承受轴向力 N。计算时，应首先分别计算各种内力对螺栓所产生的剪力值，然后再按矢量叠加求出同一螺栓在所有内作用下的合力，并使其不超过螺栓的承载力设计值 N_d^b。具体计算方法参见有关文献。

（3）拉力螺栓群在轴力作用下的计算　当外力通过螺栓群形心时，所需要的螺栓数目 n 为

$$n = \frac{\gamma_0 N_d}{N_{td}^b} \tag{9-25}$$

（4）拉力螺栓群在力矩和轴力共同作用下的计算　图9-29a表示在力矩 M 和轴力 N 共同作用下的螺栓群受偏心力（图中 M、V、N）作用。由于有焊在柱上的支托承受剪力 V，故螺栓群只承受由 M 和 N 产生的拉力。

在 M 作用下，最上一排螺栓所受拉力最大（图9-29b）。在 N 作用下，每只螺栓均匀受力。利用叠加法，可求出最不利的螺栓——最上一排螺栓所受的合力，并使其不超过螺栓的承载力设计值 N_d^b。具体计算方法参见有关文献。

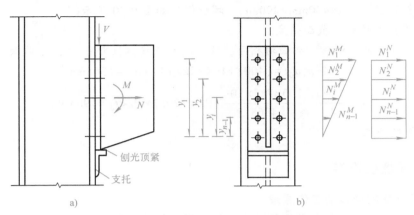

图 9-29 弯矩、剪力、轴力共同作用下的受拉螺栓连接

【例 9-3】 两截面为 14mm×400mm 的钢板，采用双盖板和 C 级普通螺栓拼接，螺栓 M20，性能等级为 4.8，螺栓孔径 $d_0 = 22$mm，钢材为 Q235，安全等级为二级，承受轴心拉力设计值 $N_d = 785$kN。试设计该连接。

【解】 查表得 $f_{vd}^b = 120$MPa，$f_{cd}^b = 265$MPa，$f_d = 190$MPa，$\gamma_0 = 1.0$。

1. 确定连接盖板截面

采用双盖板拼接，截面尺寸选 7mm×400mm，与被连接钢板截面面积相等，钢材亦采用 Q235。

2. 确定所需螺栓数目和螺栓排列布置

单个螺栓按抗剪计算的承载力为

$$N_{vd}^b = n_v \frac{\pi d^2}{4} f_{vd}^b = 2 \times \frac{\pi \times 20^2}{4} \times 120\text{N} = 75398\text{N}$$

单个螺栓按承压计算的承载力为

$$N_{vd}^b = d \sum t f_{cd}^b = 20 \times 14 \times 265\text{N} = 74200\text{N}$$

$$N_d^b = \min(N_{cd}^b, N_{cd}^b) = \min(75398\text{N}, 74200\text{N}) = 74200\text{N}$$

则连接一侧所需螺栓数目为

$$n = \frac{\gamma_0 N_d}{N_d^b} = \frac{1.0 \times 785 \times 10^3}{74200} \text{个} = 11 \text{个}$$

螺栓采用并列布置。查表 9-6，边距最小值，顺内力方向为 $1.5d_0 = 33$mm，垂直内力方向为 $1.3d_0 = 28.6$mm，边距最大值为 min（8t，120mm）= 56mm，取顺内力方向和垂直内力方向边距均为 50mm；中距最小值为 $3d_0 = 66$mm，最大值为 min（16t，7d_0）= 112mm，顺内力方向取 70mm，垂直内力方向取 100mm。连

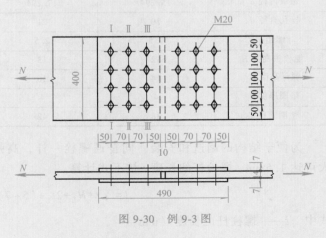

图 9-30 例 9-3 图

接盖板尺寸采用 2□7mm×400mm×490mm，螺栓排列如图 9-30 所示。

3. 验算连接板件的净截面强度

因连接钢板和盖板钢材、截面均相同，故只验算连接钢板即可。Ⅰ-Ⅰ截面净面积最小。

$$A_n = A - n_1 d_0 t = (400×14 - 4×22×14) \text{mm}^2 = 4368 \text{mm}^2$$

$$\sigma = \frac{\gamma_0 N_d}{A_n} = \frac{1.0×785×10^3}{4368} \text{MPa} = 179.7 \text{MPa} < f_d = 190 \text{MPa}$$

所以，强度满足。

9.1.4 高强螺栓连接

9.1.4.1 高强螺栓连接的工作原理

高强螺栓连接
的工作原理

高强螺栓与普通螺栓和铆钉一样，能传递剪力和拉力。不同的是，高强螺栓主要是靠被连接构件接触面之间的摩擦力来传递内力。

高强螺栓连接有两种类型：一种是摩擦型高强螺栓，只靠摩擦力传力；另一种是承压型高强螺栓，除摩擦力外还依靠杆身的承压和抗剪传力。摩擦型高强螺栓能保证结构在整个使用期间外剪力不超过内摩擦力，因此剪切变形小，被连接的构件能弹性地整体工作，抗疲劳能力强，适应于承受动力荷载的结构及需保证连接变形小的结构。承压型高强螺栓在正常使用荷载作用下，一般也不会超过摩擦力，工作性能和摩擦型相同，但一旦发生偶然超载，剪力超过摩擦力，连接之间便发生滑移，这时，连接即靠摩擦力和杆身的承压、抗剪共同传力。它适应于承受静力荷载，并允许出现一定滑移的构造连接。目前我国桥梁结构上使用的高强螺栓只限于摩擦型，故本书只介绍这种连接形式。

9.1.4.2 高强螺栓连接的构造

1. 高强螺栓的规格

高强螺栓的杆身、螺母和垫圈都需要用抗拉强度很高的钢材来制造。高强螺栓的规格见表 9-10。

表 9-10 高强螺栓的规格 （单位：mm）

螺栓直径 d	18	20	22	24
螺纹内径 d_1	15.294	17.294	19.294	20.752
栓孔直径 d_0	20	21	23	26
螺距 t	2.5	2.5	2.5	3.0
螺栓头高度 H	12	13	14	15
螺母高度 H_1	14	16	18	20
垫圈厚度 δ_1	4	4	5	5
垫圈直径 D	38	42	45	50

为便于结构的制造和安装，同普通螺栓一样，高强螺栓的栓杆直径比栓孔小 1mm，最大可达 1.5mm。螺栓杆的长度 l 按下式计算。

$$l = \sum t + H_1 + 2t_1 + (5\sim7)\text{mm} \tag{9-26}$$

式中 l——螺柱杆的长度（mm）；

$\sum t$——被连接钢板的总厚度（mm），按铆接的规定采用，一般不宜大于栓孔直径的 4.5 倍；

H_1——螺母高度（mm）；

t_1——垫圈厚度（mm）。

栓杆长度 l 和螺纹长度 l_0 均应符合国家标准中的产品规格。在确定栓杆长度时，应使其伸出螺母外的长度尽量减少，以节省钢料和美观，但为防止螺母脱落，伸出螺母外的长度不宜小于 5mm。

2. 其他构造

从受力和施拧方便来说，高强螺栓的间距都可比铆钉小些，但为了套用现有铆钉制孔的样板，《钢桥规范》规定的高强螺栓间距基本上与铆钉一致，见表 9-6。

连接处的各接触面必须互相紧密贴合。为此，在节点上连接构件的高强螺栓数，或接头一边的高强螺栓数，当一排时，应不少于 2 个，两排或两排以上时，每排也不应少于 2 个。

冲孔会使栓孔周围的材料变脆，产生不利的初应力，因此，在栓孔加工中不准用冲孔法，可采用钻成孔，孔径 D 与高强螺栓公称直径 d 的对应关系应符合表 9-11 规定。

表 9-11　孔径 D 与高强螺栓公称直径 d 的对应关系

螺栓直径 d/mm	18	20	22	24	27	30
螺栓孔径 D/mm	20	22	24	27	30	33

9.1.4.3　高强螺栓连接的计算

1. 单个高强螺栓承载能力的计算

高强螺栓承受剪力时的计算原则是剪力不超过摩擦力，而不考虑螺栓杆的受剪和承压作用。单个高强螺栓的抗剪承载力设计值为

$$N_{vd}^b = 0.9 n_f \mu P_d \tag{9-27}$$

式中　P_d——高强螺栓的预拉力，按表 9-12 选用；

μ——摩擦面的抗滑移系数，按表 9-13 采用；

n_f——传力摩擦面数目。

表 9-12　高强螺栓预拉力设计值 P_d （单位：kN）

性能等级	螺纹规格				
	M20	M22	M24	M27	M30
8.8S	125	150	175	230	280
10.9S	155	190	225	290	355

表 9-13　摩擦面的抗滑移系数

在连接处构件接触面的分类	μ	在连接处构件接触面的分类	μ
没有浮锈且经喷丸处理或喷铝的表面	0.45	喷锌的表面	0.40
涂抗滑型无机富锌漆的表面	0.45	涂硅酸锌漆的表面	0.35
没有轧钢氧化皮和浮锈的表面	0.45	仅涂防锈底漆的表面	0.25

在螺栓杆轴方向受拉的连接中，单个高强螺栓的抗拉承载力设计值为

$$N_{td}^b = 0.8 P_d \tag{9-28}$$

在反复荷载作用下，高强螺栓本身因不受剪切和挤压，所以，螺栓本身不会发生疲劳破坏。为此，《钢桥规范》规定高强螺栓本身不进行疲劳验算。

2. 高强螺栓连接的计算

高强螺栓连接的计算与铆钉一样，假定连接处的内力均匀分配于各个螺栓上，故连接的承载力就等于单个螺栓的承载力乘以螺栓数。

（1）高强螺栓群承受轴向力作用时 在抗剪连接中，高强螺栓连接一侧所需螺栓数为

$$n = \frac{\gamma_0 N_d}{N_{vd}^b} \tag{9-29}$$

与普通螺栓连接相同，高强螺栓连接也需要进行构件净截面承载力验算。不同的是，在高强螺栓连接中，被连接钢板的最危险截面在最外列螺栓孔处，并且在此处连接所传递的力 N_d 已有一部分由于摩擦作用在孔前接触面传递。为简单起见，假定高强度螺栓连接传力所依靠的摩擦力均匀分布在螺孔四周，则钢板净截面上拉力减小为 $\left(1 - 0.5\frac{n_1}{n}\right)N_d$，其中 n 为传递轴心拉力 N_d 的高强螺栓总数（对接时只计一端的螺栓数量），n_1 为第一排高强螺栓的数目。因此，高强螺栓连接的构件净截面承载力应满足下式要求：

$$\left(1 - 0.5\frac{n_1}{n}\right)\gamma_0 N_d \leqslant A_0 f_d \tag{9-30}$$

式中 A_0——构件的净截面面积。

高强螺栓连接的构件，除按上述要求验算净截面承载力外，还应验算构件的毛截面承载力，即应满足下式要求：

$$\gamma_0 N_d \leqslant A f_d \tag{9-31}$$

式中 A——构件的毛截面面积。

（2）高强螺栓群承受拉力作用时 在抗拉连接中，所需高强螺栓数为

$$n = \frac{\gamma_0 N_d}{N_{td}^b} \tag{9-32}$$

【例 9-4】 截面 $340mm \times 12mm$ 的钢板（次要构件），采用两块 $340mm \times 8mm$ 的连接板做成对接接头（图 9-31）。连接一侧承受轴心拉力 $N_d = 710kN$，钢材为 Q235 钢，采用 M22 高强螺栓，性能等级 10.9S，栓孔直径 24mm，连接处构件接触面涂硅酸锌漆。安全等级为二级。试设计该接头。

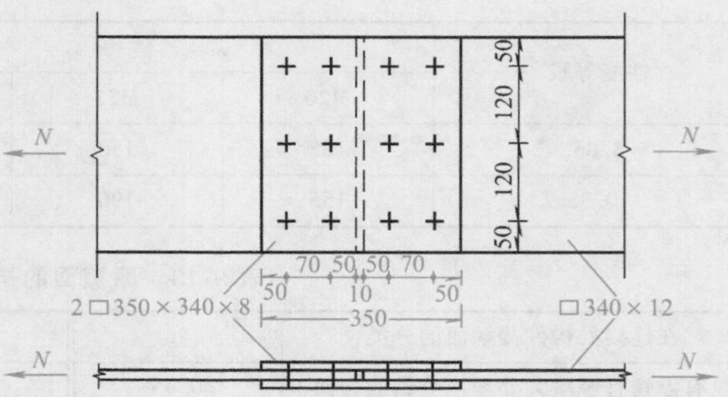

图 9-31　例 9-4 图

【解】 查得 $P_d = 190kN$，$\mu = 0.35$，$f_d = 190MPa$，$n_f = 2$，$\gamma_0 = 1.0$。

1. 一个摩擦型高强螺栓的抗剪承载力为

$$N_{vd}^b = 0.9 n_f \mu P_d = 0.9 \times 2 \times 0.35 \times 190 \times 10^3 N = 119700N$$

连接一侧所需螺栓数为

$$n = \frac{\gamma_0 N_d}{N_{vd}^b} = (1.0 \times 710 \times 10^3 / 119700) \text{个} \approx 6 \text{个}$$

螺栓排列如图 9-31 所示，螺栓的中距、边距和端距均满足构造要求。

2. 构件净截面强度验算

钢板被栓孔削弱后的净截面面积 $A_n = 14 \times (340 - 3 \times 24) \text{mm}^2 = 3752 \text{mm}^2$

$$\sigma = \frac{\gamma_0 N_d}{A_n} = \frac{1.0 \times 710 \times 10^3}{3752} \text{MPa} = 189.2 \text{MPa} < f_d = 190 \text{MPa}$$

所以，强度满足。

因连接板的总厚度大于主板，故其净截面强度不必验算。

9.2　轴向受力构件计算

9.2.1　概述

轴向受力构件是钢结构的基本构件。桁架和屋架的弦杆和腹杆，以及各种塔架、平台支架的柱以及各种钢结构中的支撑杆等主要都是轴向受力构件。

按受力特点不同，轴向受力构件可分为轴心受拉构件、轴心受压构件、拉弯构件和压弯构件；按连接方法的不同，可分为焊接构件、铆接构件和螺栓连接构件；按结构形式的不同，可分为实腹式构件和格构式构件。实腹式构件的截面腹板为整体钢板，如 H 形截面、型钢或钢板连接而成的整体截面。格构式构件截面一般是由两个或多个分肢用缀件联结组成整体的构件，分肢通常选用型钢，也可选用型钢和钢板的组合截面。

1. 轴向受力构件的截面形式

轴向受力构件可用钢板和型钢组合成各种截面形式。图 9-32 为构件常用的截面形式。其中，图 9-32a~f 为实腹构件，图 9-32g~j 为组合构件。图 9-32a、b 一般用于受力不太大的构件；图 9-32d、e、f、g 主要用于受压构件，H 形截面也可用于受拉构件；图 9-32h、i 和 j 为组合截面，可用作受力较大的压杆和拉杆。

为了防止因钢材锈蚀和钢板、型钢的厚度可能有轧制负公差而影响结构物的安全，故对公路钢桥各构件所用的型钢和钢板尺寸要求不宜太小或太薄。《钢桥规范》规定，钢板厚度（除次要构件、缀板和填板外）不得小于 8mm；主梁单块节点板厚度和焊接梁腹板厚度不得小于 10mm；填板厚度不小于 4mm；纵梁与横梁间及横梁与主梁间的连接角钢脚厚不得小于 10mm；主梁、行车系、联结系用钢板或型钢脚厚不得小于 8mm。

2. 缀件

格构式构件一般是用缀条或缀板将各个分肢连成整体的构件（图 9-33、图 9-34），使各肢能够共同工作，并可适当调整两肢间的距离，以满足对两个主轴方向的稳定性要求。缀板和缀条统称为缀件。

缀条的布置可以采用由斜杆组成的简单三角形的单格式或双格式（图 9-33）。缀条与构件的连接，应尽量使中心线（或铆钉线）交汇于一点，以避免偏心。缀条与构件轴线之间的夹角 α，当为单缀条时宜用 60° 左右，双缀条时不宜小于 45°。

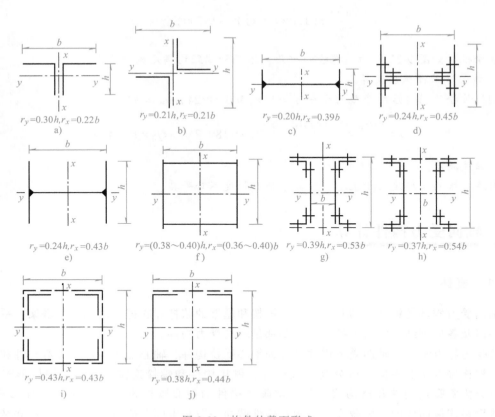

图 9-32 构件的截面形式

注：图中虚线表示缀板或缀条，r_x，r_y 为截面回转半径近似值。

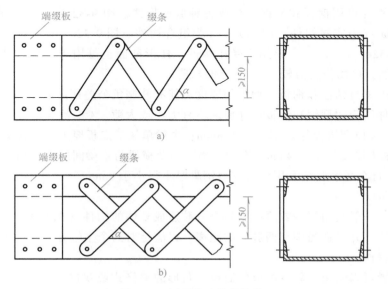

图 9-33 用缀条连接的构件

a) 单格式   b) 双格式

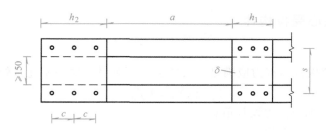

图 9-34　用缀板连接的构件

缀条可用厚度不小于 6mm 的扁钢做成，其宽度应不小于铆钉直径的 3 倍。在受力较大的构件上，缀条也可用不小于 L45×5 的角钢做成。为了增加构件的抗扭刚度并能使各肢受力均匀，在用缀条连接的构件两端应设置端缀板。

缀板是用钢板在沿构件的长度上分段设置，施工较缀条简单。缀板的尺寸一般由构造要求来确定。《钢桥规范》规定的缀板最小尺寸见表 9-14。

表 9-14　缀板的最小尺寸

名　　称		受压及压—拉构件		受拉构件		仅受结构重力的辅助性构件
		主要的	次要的	主要的	次要的	
缀板长度	端缀板	$1.25s$	$0.75s$	s	$0.75s$	$0.75s$
	中缀板	$0.75s$		$0.75s$		
缀板厚度		$s/50$ 且≥8mm	$s/60$ 且≥6mm	8mm	6mm	6mm
缀板一侧铆钉	最小数目	3	3	3	3	3
	最大间距/mm	120	120	120	120	120

注：1. 表中 s 为连接铆钉间或焊缝间的距离。

　　2. 不受力构件其缀板每边最少铆钉数可减至 2 个。

　　3. 端缀板应尽量设置在接近节点中心处。

双肢格构式构件的翼板之间，必须留有不小于 150mm 的空隙，以便于油漆养护。

为了增强格构式构件的整体刚度，保证构件截面的形状不变，构件除在受有较大水平力处应设隔板外，尚应沿构件长度上每隔 3~4m 设置一道隔板。隔板可用小尺寸的角钢和钢板做成，其构造如图 9-35 所示。

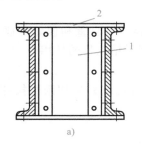
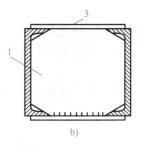

a)　　　　　　　　　　　　　　b)

图 9-35　隔板的构造

a）铆接　b）焊接

1—隔板　2—缀条或缀板　3—缀板

9.2.2 实腹式轴心受拉构件

1. 承载力计算

实腹式轴心受拉构件承载力应满足下式要求（高强螺栓摩擦型连接处除外）：

$$\gamma_0 N_d \le A_0 f_d \tag{9-33}$$

式中　N_d——构件的轴心拉力设计值；

　　　A_0——构件的净截面积；

　　　f_d——钢材的强度设计值。

对普通螺栓连接或铆钉连接，构件净截面积 A_0 按 9.1 节要求计算。对如图 9-36a 所示的角钢，可假想将角钢展开成宽度等于角钢两肢宽之和（图 9-36b），厚度等于角钢肢厚的板状，故可以看出沿截面Ⅱ-Ⅱ破坏的可能性较大。

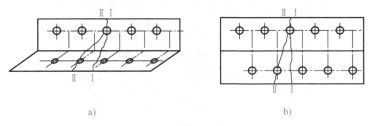

a)　　　　　　　　　　　　　　b)

图 9-36　角钢的净截面面积计算

对于摩擦型高强螺栓连接的轴心受拉构件，验算净截面承载力时，应考虑部分拉力在第一排栓孔线之前已通过摩擦传走，净截面上所受内力应扣除已传走的力，则高强螺栓摩擦型连接处承载力应满足

$$\left(1-0.5\frac{n_1}{n}\right)\gamma_0 N_d \le A_0 f_d \tag{9-34}$$

式中　n——传递轴心拉力 N_d 的高强螺栓总数，对接时只计其中一端的数量；

　　　n_1——第一排高强螺栓的数目。

摩擦型高强螺栓连接的拉杆，除按式（9-34）验算净截面承载力外，还应按全部拉力 N_d 验算构件的全截面承载力，即

$$\gamma_0 N_d \le A f_d \tag{9-35}$$

式中　A——构件的毛截面面积。

2. 刚度计算

过分细长的构件在制造、运输和安装过程中容易因自重和偶然的碰撞而发生弯曲和变形，同时在活载作用下会发生强烈的振颤，从而降低结构物的使用寿命，因此，轴心受拉构件也需要有足够的刚度。

轴心受拉构件的刚度不便直接进行计算，《钢桥规范》采用限制拉杆长细比的办法来保证其刚度。

$$\lambda_x = \frac{l_{0x}}{r_x} \le [\lambda]$$

$$\lambda_y = \frac{l_{0y}}{r_y} \le [\lambda] \tag{9-36}$$

式中　　l_{0x}、l_{0y}——构件对截面 x 轴、y 轴的计算长度；

　　　　r_x、r_y——构件截面对 x 轴、y 轴的回转半径；

　　　　λ_x、λ_y——构件对 x 轴、y 轴的计算长细比；

　　　　$[\lambda]$——容许长细比，见表 9-15。

表 9-15　钢杆件容许最大长细比

杆　　　　件		容许长细比 $[\lambda]$
主桁架	受压弦杆	100
	受压或受压—拉腹杆	
	仅受拉力的弦杆	130
	仅受拉力的腹杆	180
联结系杆件	纵向联结系、支点处横向联结系和制动联结系的受压或受压—拉杆件	130
	中间横向联结系的受压或受压—拉杆件	150
	各种联结系的受拉杆件	200

【例 9-5】　钢桁架桥主桁架的斜杆受到轴向拉力设计值 $N_d = 2030\text{kN}$ 作用。采用焊接 H 形截面，钢材为 Q345 钢，宽度为 460mm，腹板厚度 $t_1 = 10\text{mm}$，翼板厚度 $t_2 = 12\text{mm}$，腹板的宽度 $b_1 = 436\text{mm}$，翼板宽度 $h = 440\text{mm}$。斜杆自由长度 $l_{0x} = 13.6\text{m}$，$l_{0y} = 10.88\text{m}$。斜杆与节点板用直径 $d = 22\text{mm}$ 的摩擦型高强螺栓连接，栓孔直径 $d_0 = 23\text{mm}$，每块翼板上采用 28 个螺栓并列布置（图 9-37）。结构的安全等级为二级。试进行斜杆的强度和刚度验算。

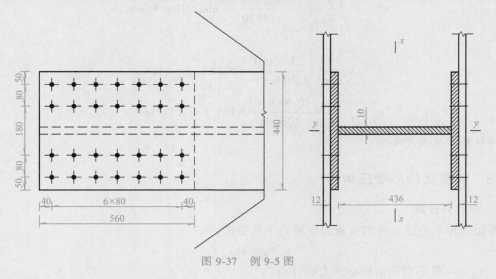

图 9-37　例 9-5 图

【解】　查表得 $f_d = 275\text{MPa}$，$[\lambda] = 180$，$\gamma_0 = 1.0$。

1. 承载力验算

（1）斜杆承载力验算

H 形截面毛截面面积为 $A = b_1 t_1 + 2h t_2 = (436 \times 10 + 2 \times 440 \times 12)\text{mm}^2 = 14920\text{mm}^2$

净截面面积 $A_0 = A - n_1 d_0 \delta = (14920 - 2 \times 4 \times 23 \times 12)\text{mm}^2 = 12712\text{mm}^2$

$$A_0 f_d = 12712 \times 275\text{N} = 3.50 \times 10^6\text{N} > \gamma_0 N_d = 1.0 \times 2030\text{kN} = 2.03 \times 10^6\text{N}$$

斜杆的承载力满足要求。

（2）高强螺栓连接处斜杆净截面承载力验算

传递拉力的高强螺栓总数 $n=28$，第一排高强螺栓数目 $n_1=4$。

$$\left(1-0.5\frac{n_1}{n}\right)\gamma_0 N_d = \left(1-0.5\times\frac{4}{28}\right)\times 1.0\times 2030\text{kN} = 1885\text{kN} < A_0 f_d = 3.50\times 10^6 \text{N}$$

连接处斜杆净截面承载力满足要求。

（3）斜杆毛截面承载力验算

$$Af_d = 14920\times 275\text{N} = 4.10\times 10^6 \text{N} > \gamma_0 N_d = 2.03\times 10^6 \text{N}$$

斜杆毛截面承载力满足要求。

2. 刚度验算

斜杆绕 x 轴和 y 轴的惯性矩分别为

$$I_x \approx 2\times\left(\frac{1}{12}\times 10\times 436^3 + 440\times 12\times 224^2\right)\text{mm}^4 = 598.927\times 10^6 \text{mm}^4$$

$$I_y \approx 2\times\left(\frac{1}{12}\times 12\times 440^3\right)\text{mm}^4 = 170.368\times 10^6 \text{mm}^4$$

回转半径

$$r_x = \sqrt{\frac{I_x}{A}} = \sqrt{\frac{598.927\times 10^6}{14920}}\text{mm} = 200.36\text{mm}$$

$$r_y = \sqrt{\frac{I_y}{A}} = \sqrt{\frac{170.368\times 10^6}{14920}}\text{mm} = 106.86\text{mm}$$

长细比

$$\lambda_x = \frac{l_{0x}}{r_x} = \frac{13.6\times 10^3}{200.36} = 67.9 < [\lambda] = 180$$

$$\lambda_y = \frac{l_{0y}}{r_y} = \frac{10.88\times 10^3}{106.86} = 101.8 < [\lambda] = 180$$

斜杆的刚度满足要求。

9.2.3　实腹式轴心受压构件

1. 承载力计算

实腹式轴心受压构件的承载力应符合下式要求：

$$\gamma_0 N_d \leqslant A_{\text{eff},c} f_d \tag{9-37}$$

式中　N_d——最不利截面轴心压力设计值；

　　　$A_{\text{eff},c}$——考虑局部稳定影响的有效截面面积。

$A_{\text{eff},c}$ 的计算较复杂，这里只介绍工字形截面的计算。对于工字形截面轴心受压构件（图 9-38），$A_{\text{eff},c}$ 按下式计算：

$$A_{\text{eff},c} = 4\rho_f b_f t_f + \rho_w b_w t_w \tag{9-38}$$

式中　b_f、b_w——分别为单侧翼缘板和腹板宽度；

　　　t_f、t_w——分别为翼缘板和腹板厚度；

ρ_f、ρ_w——分别为翼缘板和腹板的局部稳定折减系数，按下列方法计算（下式中 ρ 分别代表 ρ_f、ρ_w）。

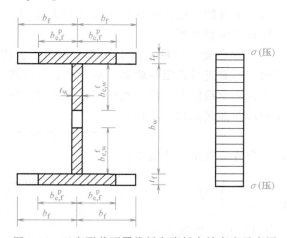

图 9-38 工字形截面翼缘板和腹板有效宽度示意图

注：图中 $b_{e,f}^p$、$b_{e,w}^f$ 分别为单侧受压翼缘板有效宽度和受压腹板有效宽度

$\bar{\lambda}_p \leqslant 0.4$ 时：$\rho = 1$

$\bar{\lambda}_p > 0.4$ 时：
$$\rho = \frac{1}{2}\left\{ 1 + \frac{1}{\bar{\lambda}_p^2}(1+\varepsilon_0) - \sqrt{\left[1 + \frac{1}{\bar{\lambda}_p^2}(1+\varepsilon_0)\right]^2 - \frac{4}{\bar{\lambda}_p^2}} \right\} \tag{9-39}$$

其中
$$\varepsilon_0 = 0.8(\bar{\lambda}_p - 0.4) \tag{9-40}$$

$$\bar{\lambda}_p = \sqrt{\frac{f_y}{\sigma_{cr}}} = 1.05\left(\frac{b_p}{t}\right)\sqrt{\frac{f_y}{E}\left(\frac{1}{k}\right)} \tag{9-41}$$

式中 $\bar{\lambda}_p$——相对宽厚比；

　　t——受压板厚度；

　　b_p——受压板局部稳定计算宽度，取相邻腹板中心线距离或腹板中心线至悬臂端距离；

　　ε_0——等效相对初弯曲；

　　σ_{cr}——受压板弹性屈曲欧拉应力；

　　k——受压板弹性屈曲系数，翼缘板取 0.425，腹板取 4.0。

2. 刚度验算

压杆除同受拉构件一样，会因一些意外的外力作用而发生弯曲变形，如由于自重而发生挠曲，在活载作用下发生振颤，在运输及安装过程中因偶然碰撞而发生弯曲变形等。因此，为了避免构件在制造、运输、拼装和使用过程中发生弯曲，必须有足够的刚度。同时，压杆弯曲变形的影响远较拉杆的影响大，由于弯曲变形，会使压杆的临界力减小，使构件过早地失去稳定性。因此，对压杆的刚度要求较拉杆更高。

轴心受压构件的刚度按式（9-36）验算。

3. 整体稳定计算

钢结构及其构件除应满足承载力和刚度条件外，还应满足稳定条件（整体稳定、局部稳定)。若结构或构件处于不稳定状态时，轻微扰动就将使结构或其组成构件产生很大的变形而最终丧失承载能力，这种现象称为**失去整体稳定性**。在钢结构工程事故中，因失稳导致破坏者十分常见。尤其是高强钢材的应用，使构件更加轻型而薄壁，更容易出现失稳现象，因而对钢结构稳定性的验算显得特别重要。

在轴心受力构件中，对于轴心受拉构件，由于在拉力作用下，构件总有拉直绷紧的倾向，其平衡状态总是稳定的，不必进行稳定性验算。对于轴心受压构件，截面若没有孔洞削弱，一般不会因强度不足而丧失承载能力，但当其长细比较大时，稳定性是导致其破坏的主要因素。因此，轴心受压构件的截面往往由其稳定性控制。

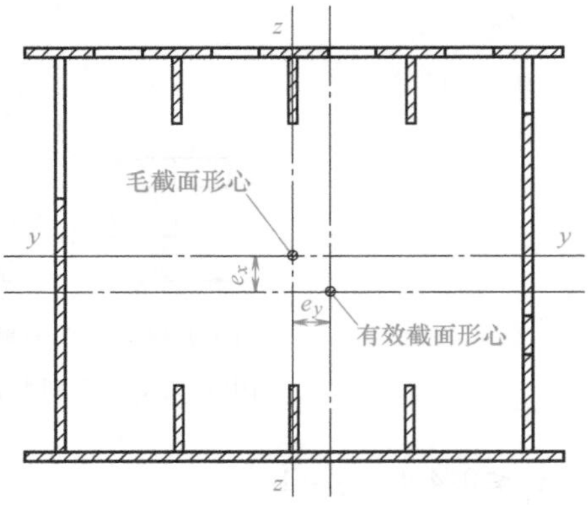

轴心受压构件的整体稳定性应满足下式要求：

$$\gamma_0\left(\frac{N_d}{\chi A_{eff,c}}+\frac{Ne_z}{W_{y,eff}}\frac{Ne_y}{W_{z,eff}}\right)\leq f_d \qquad (9\text{-}42)$$

图 9-39　轴心受压构件有效截面偏心距

式中　N_d——轴心压力设计值，当压力沿轴向变化时取构件中间 1/3 部分的最大值；

　　　χ——轴心受压构件整体稳定折减系数，取两主轴方向的较小值；

　　　$A_{eff,c}$——考虑局部稳定影响的有效截面面积；

　　　e_y、e_z——有效截面形心在 z 轴、y 轴方向距离毛截面形心的距离，如图 9-39 所示；

$W_{y,eff}$、$W_{z,eff}$——考虑局部稳定影响的有效截面相对于 y 轴和 z 轴的截面模量。

轴心受压构件整体稳定折减系数 χ 的计算较复杂，这里只介绍工字形截面的计算。对于工字形截面，χ 按下式计算：

$\bar{\lambda}\leq 0.2$ 时：$\chi=1$

$\bar{\lambda}>0.2$ 时：

$$\chi=\frac{1}{2}\left\{1+\frac{1}{\bar{\lambda}^2}(1+\varepsilon_0)-\sqrt{\left[1+\frac{1}{\bar{\lambda}^2}(1+\varepsilon_0)\right]^2-\frac{4}{\bar{\lambda}^2}}\right\} \qquad (9\text{-}43)$$

$$\varepsilon_0=\alpha(\bar{\lambda}-0.2) \qquad (9\text{-}44)$$

式中　$\bar{\lambda}$——相对长细比，$\bar{\lambda}=\frac{\lambda}{\pi}\sqrt{\frac{f_y}{E}}$；

　　　λ——受压构件长细比；

　　　α——计算参数，根据表 9-16 确定截面分类及屈曲曲线类型后按表 9-17 查用。

4. 局部稳定计算

实腹式受压构件通常由若干较薄的钢板和型钢组成。在轴心压力作用下，这些板件承受均匀压力。当这种均匀压力达到某一临界值时，有可能在受压构件丧失强度和整体稳定以前，构件中某一薄而宽的板件不能再继续局部保持平面平衡状态而发生局部凹凸鼓屈变形（图 9-40），这种现象称为**轴心受压构件丧失局部稳定或局部失稳**。发生局部失稳的构件还可以继续保持整体稳定而不至立即破坏，但会降低构件承载力，导致构件提前破坏。

表 9-16　轴心受压构件整体稳定折减系数的截面分类

横截面形式		限制条件		屈曲方向	屈曲曲线类型
轧制截面	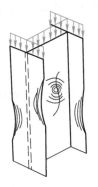	$h/b>1.2$	$t_f \leq 40\text{mm}$	y 轴 z 轴	a b
			$40<t_f\leq 100\text{mm}$	y 轴 z 轴	b c
		$h/b\leq 1.2$	$t_f\leq 100\text{mm}$	y 轴 z 轴	b c

表 9-17　轴心受压构件整体稳定折减系数的计算参数 α

屈曲曲线类型	a	b	c
参数 α	0.2	0.35	0.5

实际工程中，通常采用限制板件的宽度 b 与其厚度 t 之比即宽厚比 b/t 的方法，来保证实腹式受压构件的局部稳定。对于桥梁中常用的 H 形和箱形截面轴心受压构件，其板件宽厚比应满足下列规定：

H 形截面翼缘板
$$\frac{b}{t}\leq 12\sqrt{\frac{345}{f_y}} \qquad (9\text{-}45)$$

H 形截面腹板、箱形截面翼缘板和腹板
$$\frac{b}{t}\leq 30\sqrt{\frac{345}{f_y}} \qquad (9\text{-}46)$$

式中　f_y——钢材的屈服强度。

通常，除铆接角钢的伸出肢外，轧制型钢的翼缘板和腹板的宽厚比一般较小，能满足局部稳定要求，可不进行局部稳定验算。

图 9-40　压杆的局部失稳

9.2.4　拉弯、压弯构件

本节只介绍实腹式拉弯和压弯构件。

1. 实腹式拉弯构件

拉弯构件的计算包括强度和刚度计算，对于承受动力荷载反复作用的拉弯构件还应进行抗疲劳验算。

拉弯构件的强度计算以构件弹性受力阶段的截面边缘纤维屈服作为强度计算准则，即拉弯构件的强度按下式验算：

$$\gamma_0\left(\frac{N_d}{A_{eff}}+\frac{M_y+N_d e_z}{W_{y,eff}}+\frac{M_z+N_d e_y}{W_{z,eff}}\right)\leq f_d \qquad (9\text{-}47)$$

式中　　γ_0——安全系数；

　　　　N_d——轴心力设计值；

e_y、e_z——毛截面形心和有效截面形心在 y 轴和 z 轴方向的投影距离；

M_y、M_z——绕 y 轴和 z 轴的弯矩设计值；

　　　　A_{eff}——有效截面积；

$W_{y,eff}$、$W_{z,eff}$——有效截面相对于 y 轴和 z 轴的截面模量；

f_d——钢材强度设计值。

拉弯构件的刚度要求与轴心受拉构件相同。

拉弯构件的抗疲劳验算参见有关文献。

2. 实腹式压弯构件

压弯构件的计算包括强度、刚度、整体稳定性、局部稳定性计算，对于承受动力荷载反复作用的压弯构件还应进行抗疲劳验算。

压弯构件的强度计算与拉弯构件相同。

压弯构件的刚度要求与轴心受压构件相同。

压弯构件的局部稳定计算与轴心受压构件相同，仍通过限制板件宽厚比来保证其局部稳定性。

单向压弯构件的整体失稳分为弯矩作用平面内失稳和弯矩作用平面外失稳。弯矩作用平面内失稳是弯曲屈曲，弯矩作用平面外失稳是弯扭屈曲。双向压弯构件失稳为弯扭屈曲。实腹式压弯构件弯矩作用平面内的整体稳定性按下式验算：

$$\gamma_0 \left[\frac{N_d}{\chi_y A_{eff}} + \beta_{m,y} \frac{M_y + N_d e_z}{W_{y,eff}\left(1 - \frac{\lambda_x^2 N_d}{\pi^2 EA}\right)} \right] \leq f_d \tag{9-48}$$

实腹式压弯构件弯矩作用平面外的整体稳定性按下式验算：

$$\gamma_0 \left[\frac{N_d}{\chi_z A_{eff}} + \beta_{m,y} \frac{M_y + N_d e_z}{\chi_{LT,y} W_{y,eff}\left(1 - \frac{\lambda_z^2 N_d}{\pi^2 EA}\right)} \right] \leq f_d \tag{9-49}$$

式中 N_d——构件中间 1/3 范围内的最大轴心力设计值；

A——构件毛截面面积；

λ_z——按构件毛截面计算的绕 z 轴的构件长细比；

E——钢材的弹性模量；

χ_y、χ_z——轴心受压构件绕 y 轴和 z 轴发生弯曲失稳的整体稳定折减系数；

$\chi_{LT,y}$——在 M_y 作用下构件发生弯扭失稳的整体稳定折减系数；

$\beta_{m,y}$——相对 M_y 的等效弯矩系数。

其余符号的意义同式（9-47）。

压弯构件的抗疲劳验算参见有关文献。

9.3 简易钢桁架和钢板梁简介

9.3.1 简易钢桁架

主要承受横向荷载的空腹式受弯构件称为桁架。同钢梁相比，当跨径较大时，钢桁架具有用钢量省，刚度大，制造、运输、拼装方便，能够根据荷载情况和使用条件制成各种不同的外形等特点，因此应用十分广泛。

1. 简易钢桁架的形式

常用的桁架外形有三角形、梯形、平行弦形等（图9-41）。腹杆的形式有人字式（图9-41b、d、f）、芬克式（图9-41a）、豪式（图9-41c）、再分式（图9-41e）和交叉式（图9-41g）。桁架的外形除应该满足使用的要求之外，同时还应考虑在制造简单的条件下尽量与弯矩图形相配合，使弦杆沿全长的受力比较均衡。腹杆的布置应使内力的分布尽可能合理，并节省钢材。一般说来，腹杆的数量宜少，总长度要短，并使长杆受拉、短杆受压。应使荷载尽量地都作用在桁架的节点上，以免由于节间荷载而使弦杆承受局部弯矩。此外，为了使桁架构造简单，制造方便，节点数目应少一些，斜腹杆的倾角不宜太小，一般宜在30°～60°之间。

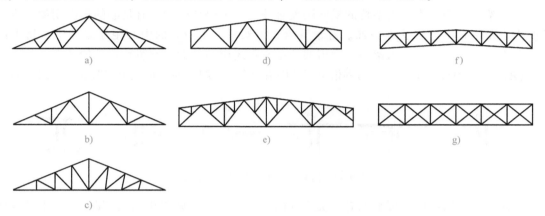

图 9-41　桁架的常用外形

a)、b)、c) 三角形　d)、e) 梯形　f)、g) 平行弦形

钢桁架按杆件截面形式和节点构造特点可分为普通、重型和轻型三种。普通钢桁架（图9-42a）通常指在每个节点用一块节点板相连的单腹壁桁架，杆件一般采用双角钢组成的T形、十字形截面或轧制T形截面，构造简单，应用最广。重型桁架（图9-42b）的杆件受力较大，通常采用轧制H型钢或三板焊接工字形截面，有时也采用四板焊接的箱形截面或双槽钢、双工字钢组成的格构式截面，每节点处用两块平行的节点板连接，通常称为双腹壁桁架。轻型桁架指用冷弯薄壁型钢或小角钢及圆钢做成的桁架，节点处可用节点板相连，也可将杆件直接连接。

2. 简易钢桁架的构造

（1）钢桁架的主要尺寸　桁架的主要尺寸有桁架的跨径、高度、节间长度、斜杆倾角及主桁架的中心距等。

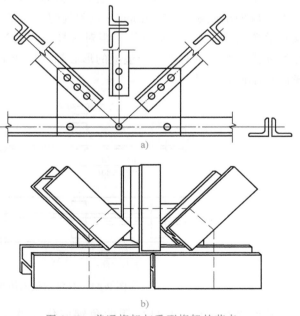

图 9-42　普通桁架与重型桁架的节点

a) 普通桁架　b) 重型桁架

桁架的高度取决于经济要求、刚度要求、运输条件的限制等。桁架的高度较大时，其刚度增加，弦杆的内力则较小，弦杆的材料用量可以节省，但腹杆用钢量增加。为了保证钢桁架有足够的竖向刚度，桁架的高度不宜太小。对于下承式桁架结构还应满足其桥上车辆净空的要求。

桁架节间长度的大小既要满足纵横梁布置的经济合理，同时又要符合斜杆最佳的倾角要求。斜杆的斜度选择不当，不仅会影响节点板的形状和尺寸，而且还会使斜杆的轴线难以通过节点中心，以致使节点的刚度减弱。斜杆轴线与竖直线的交角通常以 30°～50°为宜。

主桁架的中心间距与桁架桥的横向刚度有关。为了保证桥梁具有足够的横向刚度，主桁架的中心距不宜小于跨径的 1/20。对于下承式桁架桥，主桁架的中心距还必须满足桥上净空的要求。对于上承式钢桁架桥，主桁架的中心距还应满足横向倾覆稳定性的要求。

（2）**杆件的截面形式** 简易钢桁架可选用由两个角钢组成的 T 形或十字形截面（图 9-43）。

图 9-43 简易钢桁架杆件的截面形式

由两个角钢组成的 T 形截面有三类不同的组合方式（参见图 9-43），其对两个主轴的回转半径各不相同。

由双角钢组成的 T 形或十字形截面的组合杆件，一般在角钢背间留有间距等于节点板厚度的空隙。为了保证两个角钢能很好地共同工作，必须每隔一定距离在两角钢间加设垫板并与角钢焊接缀连。垫板的厚度应与节点板厚度相等。垫板宽度一般为 50～80mm。垫板的长度，应伸出或缩进 10～15mm，以利施焊；对于十字形截面，应在横竖两个方向均设垫板，交错放置（图 9-44）。垫板的间距对压杆应不超过 40r；拉杆应不超过 80r。此处的 r，对 T 形截面为一个角钢对平行于垫板的形心轴的回转半径，对十字形截面为一个角钢绕其斜向主轴的最小回转半径。

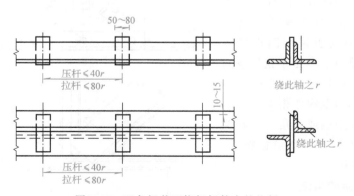

图 9-44 双角钢截面桁架杆件中的垫板

从经济性考虑，杆件所用的角钢应优先选用肢宽而薄的角钢。但为了防止因钢材锈蚀而影响结构物的安全，除缀条角钢不小于∟45×5 外，其他杆件中所用的角钢均不得小于L75×8。

（3）节点构造 在简易钢桁架中，汇交于桁架节点的各杆件，可采用焊接、铆接或螺栓等连接到节点板上。

各杆件的轴线交汇于一点以形成节点的中心。为了避免杆件的偏心受力，杆件的轴线理论上应该通过杆件截面的形心。但在实际工作中，为了制作方便，通常对焊接桁架杆件的截面形心至角钢背的距离取5mm的倍数。而在栓钉连接的桁架中，则杆件是顺连接的栓钉线传力，故一般用各杆的栓钉线交汇；当角钢肢宽较大而有两根栓钉线时，则以靠近角钢背的一根栓钉线交汇。

为了便于拼装与施焊，以及避免焊缝过分集中，应使腹杆与弦杆或腹杆与腹杆边缘之间留有15~20mm的空隙（图9-45）。为了制作方便，角钢端部最好垂直于轴线裁切。但为了减小节点板的尺寸，使之传力更好，可在垂直于角钢轴线裁切后，再切去一个角。

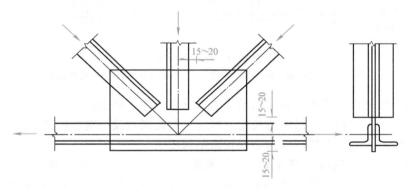

图 9-45　桁架杆件的节点交汇

节点板的形状由节点图形和连接桁架腹杆的焊缝长度或栓钉数目来决定。节点板的外形必须避免凹角，以免增加钢板裁切的困难，尽量减少受力性能的改变。为此，节点板边缘宜以不小于15°~20°角逐渐放宽，使受力比较均匀，且有足够的截面积（图9-46）。

节点板通常伸出弦杆角钢背外10~15mm，以利施焊。但有时为了在弦杆上放置其他构件，要求弦杆外缘平直，则让节点板缩入弦杆角钢背内5~10mm。

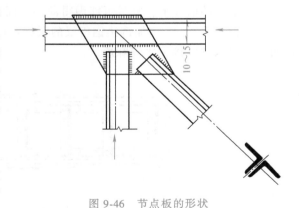

图 9-46　节点板的形状

9.3.2　钢板梁

主要承受竖向荷载的实腹式受弯构件称为梁。钢梁可分为型钢梁和钢板梁两种。型钢梁能减少制造费用，但用钢料较费。由于轧制条件所限，型钢梁的尺寸是有限的，只能用于跨径不大、荷载较小的桥梁。钢板梁是由钢板、角钢等通过焊接或铆接而组成的工字形截面梁，适用于跨径较大或弯矩较大的场合，应用很广。焊接钢板梁由腹板和翼缘板等焊接成而成（图9-47），而铆接钢板梁则由腹板、翼缘板和翼缘角钢用铆钉铆接而成（图9-48）。通常情况下，焊接钢板梁比铆接钢板梁更为经济合理、省工省料。钢板梁通常用作钢梁桥的主梁、钢桁架桥中的纵梁和横梁等，跨径不超过40m时比较经济，更大跨径时，以采用钢桁架桥为宜。

1. 钢板梁的构造

（1）焊接钢板梁的构造（图9-47） 焊接板梁通常采用一块翼缘板，其截面的改变可用减小翼缘板宽度的办法来实现。

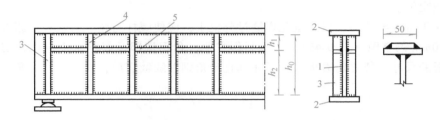

图9-47 焊接钢板梁

1—腹板 2—翼缘板 3—支承加强肋 4—中间竖加强肋 5—水平加强肋

在梁的支点处须设置支承加强肋以承受支点反力。为了防止腹板在弯曲应力、切应力和梁顶竖压力作用下丧失稳定，沿梁的长度上每隔一定距离可设一对中间竖加强肋。对较高的板梁，还可在腹板承受较大法向压力处设置水平加强肋。

（2）铆接钢板梁的构造（图9-48） 在铆接钢板梁中，截面由腹板、四个翼缘角钢及翼缘板组成。腹板的厚度、翼缘角钢的尺寸、一层覆盖板梁全长的翼缘板的宽度及其厚度等，通常沿梁的长度方向不变。腹板在截面中主要用以承受剪力，为节省钢材，在满足腹板压屈稳定要求的前提下，宜尽可能做得薄些。而翼缘角钢应尽可能加大截面积，最好不小于翼缘总面积的1/3。为增加铆接钢板梁的翼缘截面积，可增加翼缘板的层数，但最多不宜超过四层，层数过多接头比较麻烦。

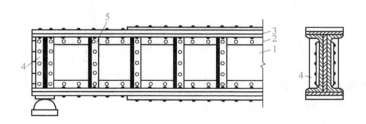

图9-48 铆接钢板梁

1—腹板 2—翼缘角钢 3—翼缘板 4—支承加劲角钢 5—中间横向加劲角钢

为了增强腹板的抗压屈稳定性，铆接钢板梁可用成对的角钢作为加强肋。

2. 钢板梁的拼接

梁的拼接分为工厂拼接和工地拼接两种。工厂拼接是指受钢材规格和尺寸限制，制作梁时需先将翼缘和腹板用几段钢材拼接起来，然后再焊接成梁，这些工作一般在工厂进行，故称工厂拼接。工地拼接则是指受运输和吊装条件限制，梁必须分段运输，然后在工地拼装连接。

钢板梁的工厂拼接位置一般由钢材尺寸和梁的受力情况确定。为避免各种焊缝过于集中，减小焊接应力和焊接变形，同时避免接头处的截面过分削弱，焊接钢板梁的工厂拼接，腹板和翼缘的拼接位置应错开并用对接直焊缝连接，施焊时采用引弧板。腹板的拼接焊缝与翼缘板拼接焊缝之间的距离不宜小于腹板厚度的 10 倍。

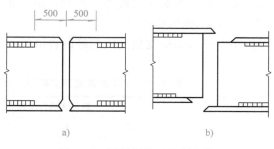

图 9-49 钢板梁的工地拼接图

工地拼接一般布置在弯矩较小的位置。为便于运输和吊装，通常将翼缘和腹板在同一截面断开（图 9-49a）。拼接处一般采用对接焊缝，上下翼缘做成向上的 V 形坡口，并将工厂焊的翼缘焊缝端部留出 500mm 左右不焊，工地拼接时按图中施焊顺序进行焊接。这样可以使焊接时有较多的自由收缩余地，减少焊接残余应力。图 9-49b 所示为将梁的翼缘和腹板拼接位置适当错开的方式，这样可以避免焊缝集中在同一截面，但运输、吊装时需加以保护，防止碰撞损坏。

钢板梁的工地接头一般也采用对接焊缝，但由于现场施焊条件往往较差，焊缝的质量难以保证，因此，对于较重要的或跨径较大的板梁，其工地接头常采用摩擦型高强螺栓连接或铆接。对于需要高空拼接的梁，考虑高空焊接操作困难，也常采用摩擦型高强度螺栓连接，如图 9-50 所示。

3. 钢板梁的稳定性

（1）整体稳定性 为了提高抗弯强度，节省钢材，钢梁截面一般做成高而窄的形式，故钢梁的侧向刚度较受荷方向的刚度小得多。如图 9-51 所示的工字形截面梁，荷载作用在其最大刚度平面内。但实际上，荷载不可能准确地作用于梁的垂直平面，同时还不可避免地存在各种偶然因素引起的横向作用，因此梁不但沿 y 轴方向产生垂直变形，还产生侧向弯曲和扭转变形。当荷载较小时，虽然各种外界因素会使梁产生微小的侧向弯曲和扭转变形，但外界影响消失后，梁仍能恢复原来的弯曲平衡状态。但由于钢梁两个方向的刚度悬殊，当荷载增大到某一数值后，梁在向下弯曲的同时，将突然发生侧向弯曲和扭转变形而破坏，此时钢材远未达到屈服强度，我们称这种现象为**丧失整体稳定性**或**整体失稳**。

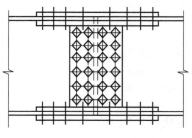

图 9-50 采用高强螺栓的工地拼接

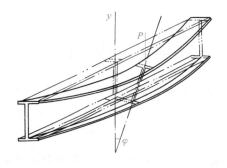

图 9-51 简支梁的整体失稳

为了保证梁的整体稳定，最有效的措施是在梁的跨中增设受压翼缘的侧向支承点以缩短其自由长度，或者增加受压翼缘的宽度以提高其侧向抗弯刚度。《钢桥规范》规定，符合下列情况之一者，可不计算梁的整体稳定性：

1）有铺板（各种钢筋混凝土板和钢板）密铺在梁的受压翼缘上并与其牢固相连，能阻止梁受压翼缘的侧向位移时。

2）工字形截面简支梁受压翼缘的自由长度 L_1 与其宽度 B_1 之比不超过表 9-18 规定的数值时。

表 9-18　工字形截面简支梁不需计算整体稳定性的最大 L_1/B_1 值

钢　号	跨间无侧向支承点的梁		跨间受压翼缘有侧向支承点的梁，不论荷载作用于何处
	荷载作用在上翼缘	荷载作用在下翼缘	
Q235	13.0	20.0	16.0
Q345	10.5	16.5	13.0
Q390	10.0	15.0	12.5
Q420	9.5	15.0	12.0

注：梁的支座处设置横梁，跨间无侧向支承点的梁，L_1 为其跨度；梁的支座处设置横梁，跨间有侧向支承点的梁，L_1 为受压翼缘侧向支承点的距离。

3）箱形截面简支梁（图 9-52），其截面尺寸满足 $h/h_0 \leq 6$，且 $L_1/b_0 \leq 65(345/f_y)$ 时。

（2）局部稳定　从用材经济角度看，选择钢板梁截面时总是力求采用高而薄的腹板和宽而薄的翼缘。但是，当板件过薄过宽时，腹板或受压翼缘在尚未达到强度限值或在梁未丧失整体稳定前，就可能发生波浪形的屈曲（图 9-53），这种现象就叫作**失去局部稳定**或**局部失稳**。梁的腹板或翼缘出现了局部失稳，整个构件一般还不至于立即丧失承载能力，但构件的承载能力大为降低。所以，梁丧失局部稳定的危险性虽然比丧失整体稳定的危险性小，但是往往是导致钢结构早期破坏的因素。

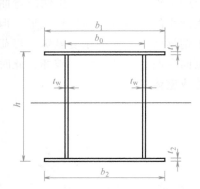

图 9-52　箱形截面简支梁截面尺寸

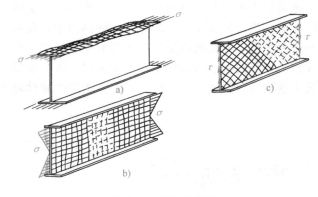

图 9-53　梁局部失稳

a）受压翼缘的失稳　b）腹板在正应力作用下的失稳

c）腹板在剪应力作用下的失稳

腹板局部稳定性的临界应力取决于板厚与板件边长的比值。因此，为保证腹板局部稳定，通常有两种措施：一是限制宽厚比；二是设置加强肋以减小板件边长，这是一般采用的方法。对翼缘板可不设加强肋，只要满足宽厚比的要求，即可保证其局部稳定性。

为了防止梁的翼缘板丧失局部稳定，通常情况下，焊接钢板梁的受压翼缘板外伸宽度不宜大于400mm，并不应大于其厚度的 $12\sqrt{345/f_y}$ 倍；受拉翼缘外伸宽度不应大于其厚度的 $16\sqrt{345/f_y}$ 倍。

腹板加劲肋设置的具体规定如下：

1）当 $\eta h_w/t_w \le 70$（Q235钢）和 $\eta h_w/t_w \le 60$（Q345钢）时，可不设横向加劲肋和纵向加劲肋。

2）当 $70 < \eta h_w/t_w \le 160$（Q235钢）和 $60 < \eta h_w/t_w \le 140$（Q345钢）时，仅设置横向加劲肋；

3）当 $160 < \eta h_w/t_w \le 280$（Q235钢）和 $140 < \eta h_w/t_w \le 240$（Q345钢）时，设置横向加劲肋和一道纵向加劲肋。纵向加劲肋位于距受压翼缘 $0.2h_w$ 附近，如图9-54a所示；

4）当 $280 < \eta h_w/t_w \le 310$（Q235钢）和 $240 < \eta h_w/t_w \le 310$（Q345钢）时，设置横向加劲肋和两道纵向加劲肋。纵向加劲肋位于距受压翼缘 $0.14h_w$ 和 $0.36h_w$ 附近，如图9-54b所示。

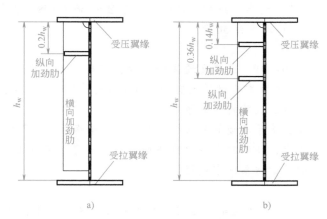

图9-54 腹板加劲肋示意图

上述各式中，h_w 为腹板计算高度，对焊接钢梁为腹板的全高，对铆接钢梁为上、下翼缘角钢内排铆钉线的距离；η 为折减系数，$\eta = \sqrt{\tau/f_{vd}}$，但不得小于0.85，式中 τ 为基本组合下的腹板剪应力，f_{vd} 为钢材的抗剪强度设计值。

5）当设置横向加劲肋加强腹板时，其每侧加劲肋的伸出胶宽不宜小于40mm加上腹板计算高度的1/30，肢厚不宜小于肢宽的1/15。

对焊接钢板梁的加强肋有以下要求。

1）为了避免各条焊缝过于接近，造成焊接热影响区和应力集中区的重叠而导致结构产生脆性破坏，与腹板对接焊缝平行的加强肋，应距对接焊缝不小于 $10t_w$（t_w 为腹板厚度）。

2）为了保证加劲肋与其焊缝的连续性，与腹板对接焊缝相交的纵向加劲及其焊缝应连续通过腹板焊缝。

3）当纵向加劲肋与横向加劲肋相交时，宜让横向加劲肋及其焊缝连续通过，两者相交处宜焊接或栓接。

4）横向加劲肋与梁的翼缘板焊接时，应将加劲肋切出不大于5倍腹板厚度的斜角。

4. 钢板梁的支承加劲肋

板梁支承处和外力集中处，局部压力较大，如无加劲肋，腹板容易出现压皱现象，因此需要设置加劲肋（对铆接梁尚应有填板）和腹板共同来传递反力。竖向加劲肋应有足够的刚度，伸出肢必须磨光与翼缘顶紧，也可以与受压翼缘焊连，但要注意不要使受压翼缘出现局部变形及外形不平整，以免降低其承载力。对于受拉翼缘，由于侧焊缝方向正好和拉应力正交，在使用过程中由于应力集中可能出现裂缝。

警示园地—— I-35W 密西西比河大桥崩塌事故

工程概况：

I-35W 密西西比河大桥为上承式钢桁拱梁桥，是明尼阿波利斯市的重要交通枢纽，它位于美国明尼苏达州 35 号州际公路上，连接着该市密西西比河两岸的中心繁华街道和社区，河边还有明尼苏达大学以及体育场馆，是美国有名的"繁忙大桥"。这座桁架桥于 1964 年动工兴建，1967 年 11 月建成通车。最初设计的日通车量为 66000 辆，但是时至 2007 年，车流已经超过 141000 辆，设计寿命为 50 年。

事故描述：

2007 年 8 月 1 日下午 6：01，正值交通高峰时段，该桥突然坍塌。桥面坍塌造成 13 人死亡，145 人受伤。据估计事故发生时桥上有 50~100 辆机动车辆，是美国自 1983 年以来最严重的非天灾或外力因素所造成的桥梁崩塌事件。

事故当时，桥上车流受限于车道管制而缓慢前进，桥梁南端突然开始崩塌，中段及南段桥面紧接着崩落河面及河岸，几秒钟之后北段桥面亦随之崩落，超过 60 辆以上的车辆及其驾驶员、乘客随着崩塌的桥面跌落河中或河岸。

事故原因：

2008 年 1 月 15 日，美国国家运输安全委员会发表初步调查结果，认定桥梁桁架结构的钢角撑板设计强度不够，长度不足，这一先天不足随着时间和负荷的增加而被放大，最终导致事故发生。

鉴于二战后昂贵的钢铁价格，当时的造桥理念是以轻巧为宜，尽可能地节约材质，使结构的承重能力达到极限状态。于是，I-35W 密西西比河大桥就和那一时期建造的很多钢桥一样，没有"冗余"保护。由此也埋下了一个重大隐患：只要结构中哪怕某一个极小的部分出了问题，都会导致整个系统的坍塌。

小　　　结

1. 钢结构的连接方法主要有焊缝连接、铆钉连接、螺栓连接三种，其中螺栓连接又可分为普通螺栓连接和高强螺栓连接。焊接是目前钢结构最主要的连接方法。焊缝的形式主要有对接焊缝和角焊缝两种。对接连接采用对接焊缝，搭接和角接连接均采用角焊缝。

2. 当焊条的型号符合规范规定，且焊接的质量有保证时，对接焊缝可不必进行焊接强度验算。

3. 角焊缝受力后，其应力状态极度为复杂。为了计算方便，不论受力方向如何，均假定破坏截面在45°截面处，并且对侧角焊缝、端角焊缝和由两者组成的环焊缝，均按同样公式计算。

当构件受轴向力且通过连接焊缝的重心时，应力验算公式为

$$\sigma_f = \frac{\gamma_0 N_d}{h_e l_w} \leqslant f_{fd}^w \quad (正面焊缝)$$

$$\tau_f = \frac{\gamma_0 N_d}{h_e l_w} \leqslant f_{fd}^w \quad (侧面焊缝)$$

用侧焊缝连接的不对称构件，角钢背和角钢尖所需的侧焊缝有效长度为

$$l_w^b = \frac{\gamma_0 k_1 N_d}{0.7 h_f^b f_{fd}^w}$$

$$l_w^j = \frac{\gamma_0 k_2 N_d}{0.7 h_f^j f_{fd}^w}$$

4. 在承受动力荷载的结构中，除应采取适当措施以提高焊缝疲劳强度外，尚应进行疲劳验算。

5. 焊接应力会使钢材抗冲击断裂能力及抗疲劳破坏能力降低；焊接变形会使结构构件不能保持正确的设计尺寸及位置，影响结构正常工作，严重时还可使各个构件无法安装就位。为了减少和限制焊接应力和焊接变形，应选用合理的构造形式和合理的焊接工艺。

6. 螺栓（铆钉）的排列分并列和错列两种形式。并列布置是常用的形式，错列用得较少。

7. 普通螺栓连接有五种可能的破坏形式，应采取计算或构造措施避免。

8. 剪力螺栓群在轴向力作用下所需螺栓数目为

$$n = \frac{\gamma_0 N_d}{N_d^b}$$

其中，单个剪力螺栓的承载力设计值 $N_d^b = \min(N_{vd}^b, N_{cd}^b)$。

按受剪计算的单个剪力螺栓承载力设计值为

$$N_{vd}^b = n_v \frac{\pi d^2}{4} f_{vd}^b$$

按承压计算的单个剪力螺栓承载力设计值为

$$N_{cd}^b = d \sum t f_{cd}^b$$

由于螺栓孔削弱了构件的截面，因此在排列好所需的螺栓后，还需验算构件的净截面强度。

9. 当外力通过拉力螺栓群形心时，所需要的螺栓数目 n 为

$$n = \frac{\gamma_0 N_d}{N_{td}^b}$$

单个受拉螺栓的承载力按下式计算。

$$N_{td}^b = n_v \frac{\pi d_e^2}{4} f_{td}^b$$

10. 铆钉连接的计算方法和构造要求与普通螺栓连接基本相同。

11. 高强螺栓连接有两种类型：一种是摩擦型高强螺栓，另一种是承压型高强螺栓。目前我国桥梁结构上使用的高强螺栓只限于摩擦型。

12. 轴向受力构件按连接方法的不同，可分为焊接构件、铆接构件和螺栓连接构件；按结构形式的不同，可分为实腹式构件和格构式组合构件。

13. 轴心受压构件的承载力按下式验算：

$$\gamma_0 N_d \leq A_{\text{eff},o} f_d$$

轴心受拉构件的承载力应符合下式要求：

$$\gamma_0 N_d \leq A_0 f_d$$

《钢桥规范》采用限制拉杆长细比的办法来保证轴心受力构件刚度。

$$\lambda_x = \frac{l_{0x}}{r_x} \leq [\lambda]$$

$$\lambda_y = \frac{l_{0y}}{r_y} \leq [\lambda]$$

14. 轴心受压构件除应满足强度和刚度条件外，还应满足稳定条件（整体稳定、局部稳定），其截面往往由其稳定性控制。

对桥梁中最常用的 H 形和箱形截面轴心受压杆件，《钢桥规范》通过控制单板（或板束）的宽度 b 与其厚度 t_0 的比值，来保证压杆的局部稳定。

15. 拉弯构件的计算包括强度、刚度和抗疲劳验算三个方面。压弯构件的计算包括强度、刚度、整体稳定性、局部稳定性和抗疲劳验算。

16. 常用的桁架外形有三角形、梯形、平行弦形等。钢桁架按杆件截面形式和节点构造特点可分为普通、重型和轻型三种。

17. 钢梁可分为型钢梁和钢板梁两种。钢板梁通常用作钢梁桥的主梁、钢桁架桥中的纵梁和横梁等。

为了保证梁的整体稳定，最有效的措施是在梁的跨中增设受压翼缘的侧向支承点以缩短其自由长度，或者增加受压翼缘的宽度以提高其侧向抗弯刚度。

为保证腹板局部稳定性，通常有两种措施：一是限制腹板高厚比；二是设置加强肋以减小板件边长。后者是一般采用的方法。

思 考 题

9-1 焊条电弧焊、自动或半自动焊的原理各是什么？各有何特点？

9-2 对接焊缝的截面形式有哪些？对接焊缝有何特点？

9-3 对接焊缝的构造要求有哪些？

9-4 角焊缝的构造要求有哪些？

9-5 什么叫焊接应力与焊接变形？减小焊接应力和焊接变形的措施有哪些？

9-6 螺栓连接中螺栓的排列方式有哪些？螺栓间距应考虑哪些因素？

9-7 受剪螺栓连接的破坏形式有哪些？

9-8 高强度螺栓连接的受力机理是什么？与普通螺栓连接有何区别？

9-9 轴心受拉构件和轴心受压构件各自的计算内容有哪些？

9-10 什么叫受压构件整体失稳和局部失稳？如何保证轴心受压构件的整体稳定和局部稳定？

9-11 如何保证钢板梁的整体稳定和局部稳定？

9-12 钢桁架有哪些基本形式？

习　题

9-1　如图 9-55 所示，两块等厚不等宽的钢板用焊透的对接焊缝（X 形坡口）连接，焊接中采用引弧板。钢板材料为 Q345 钢，焊缝质量标准为三级，结构安全等级为二级。焊缝承受轴心拉力设计值为 1600kN。试设计该焊缝。

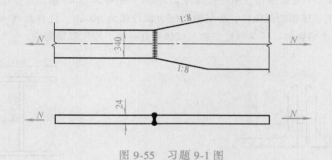

图 9-55　习题 9-1 图

9-2　条件同习题 9-1，但轴心拉力设计值为 $N_{max} = 1600kN$，$N_{min} = 700kN$，试设计该连接。

9-3　试设计如图 9-56 所示的双角钢和节点板间的连接角焊缝。构件受轴心拉力设计值 $N_d = 585kN$，钢材 Q235，E43 型焊条，焊条电弧焊，焊缝质量标准为三级，结构安全等级为二级。

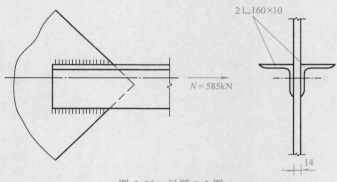

图 9-56　习题 9-3 图

9-4　试确定如图 9-57 所示连接的焊缝厚度。被拼接的钢板宽 $b = 600mm$，厚 12mm，承受轴向拉力设计值为 1000kN。两块拼接板厚度均为 10mm，$l_1 = 250mm$，$l_2 = 400mm$，Q235 钢，E43 型焊条，焊条电弧焊，焊缝质量标准为三级，结构安全等级为二级。

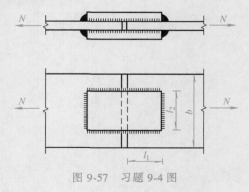

图 9-57　习题 9-4 图

9-5　两块□500×10 钢板采用双盖板对接接头，承受轴心拉力设计值为 1100kN，钢 Q235，M22C 级普通螺栓，螺栓性能等级为 4.6 级，孔径 23.5mm，结构安全等级为二级。试设计该连接。

9-6　条件同习题 9-4，但采用 M22 高强螺栓（40 硼钢）连接，螺栓孔径 23mm，接触面喷砂后涂无机富锌漆，螺栓性能等级为 10.9S。试设计该连接。

9-7　计算如图 9-58 所示桁架受拉弦杆件所能承受的最大拉力设计值 N_d，并验算其刚度。弦杆截面为 2∟110×10 的双角钢，有 2 个安装螺栓，螺栓孔径为 21.5mm，钢材为 Q345 钢，计算长度 3m。

9-8　图 9-59 所示工字形轴心受压柱，承受轴心压力设计值为 800kN，计算高度 4.5m，Q345 钢，结构安全等级为二级，翼缘火焰切割以后又经过刨边。试核验其强度、刚度和稳定性。

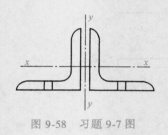

图 9-58　习题 9-7 图

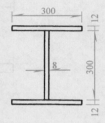

图 9-59　习题 9-8 图

第一部分

机械工业出版社

CHINA MACHINE PRESS